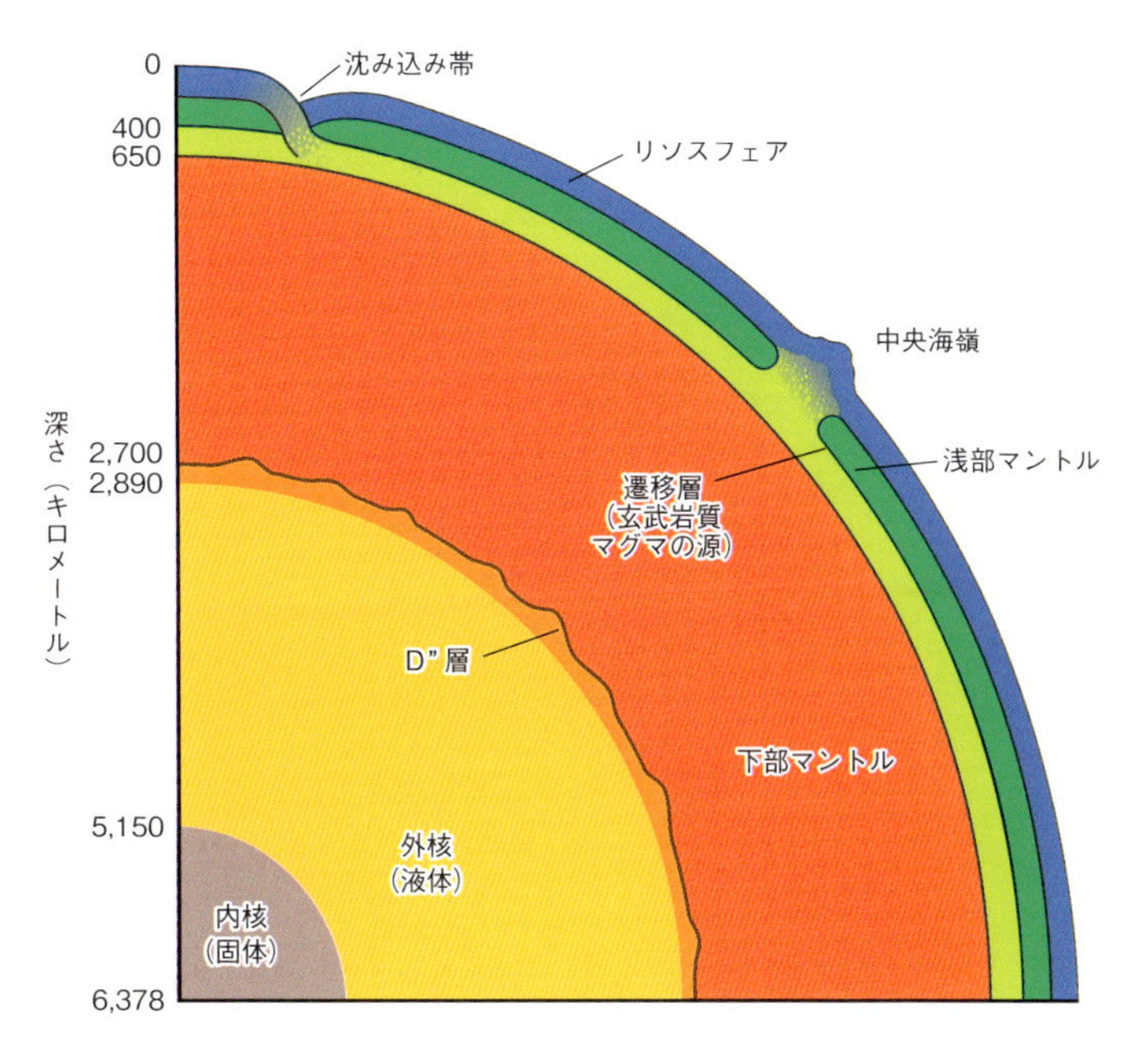

地球の内部。外側を覆う薄い層が地殻。地球の大部分を占めるマントルの中に、液体鉄の外核と固体鉄の内核がある。

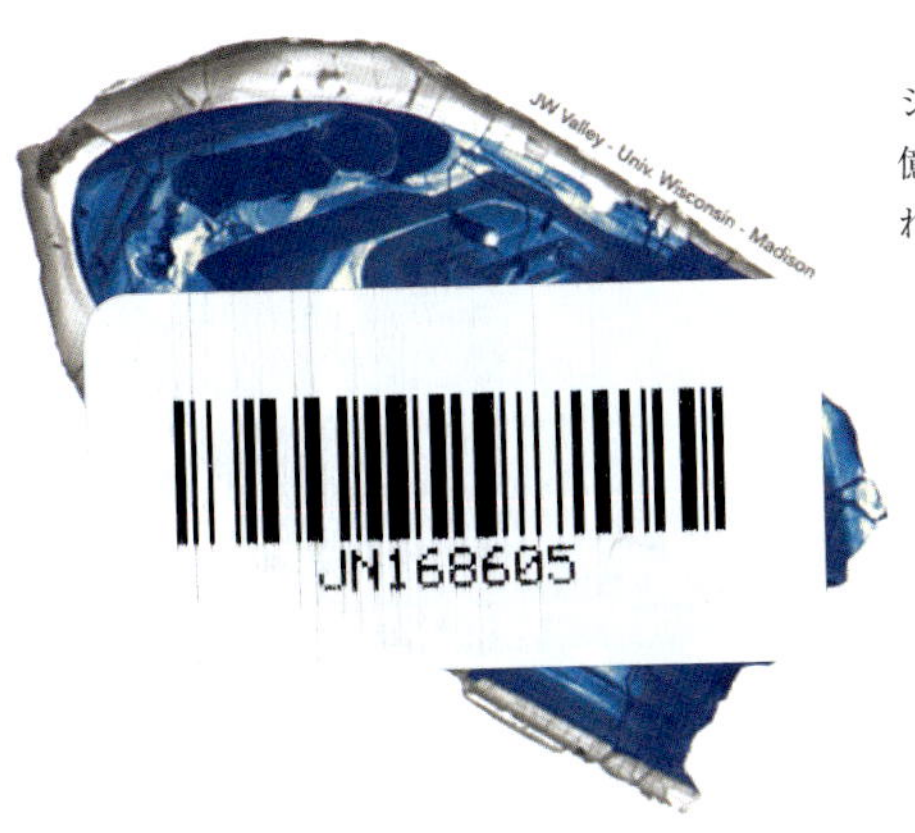

ジルコン。地球最古の破片。44億年前に地球上に初めて形成された地殻の小さなかけら。

カナダ、ハドソン湾の岸に露出した世界最古の岩石。

右）世界最古のジルコンが発見された西オーストラリア、ジャックヒルズ。これによって、地球形成直後の地表の状態を知ることができるようになった。

下）コラ半島超深度掘削坑プロジェクトの掘削坑の１つで地下12キロメートルから採取された史上で最も深い岩石の試料。

地球に掘られた最も深い穴、ロシア北部のコラ半島超深度掘削坑。
1989年に12,262メートルの深さに到達した。

エミール・ヴィーヘルト（1861–1928）は層状構造を持つ地球のモデルを初めて製作し、世界初の地球物理学教授になった。

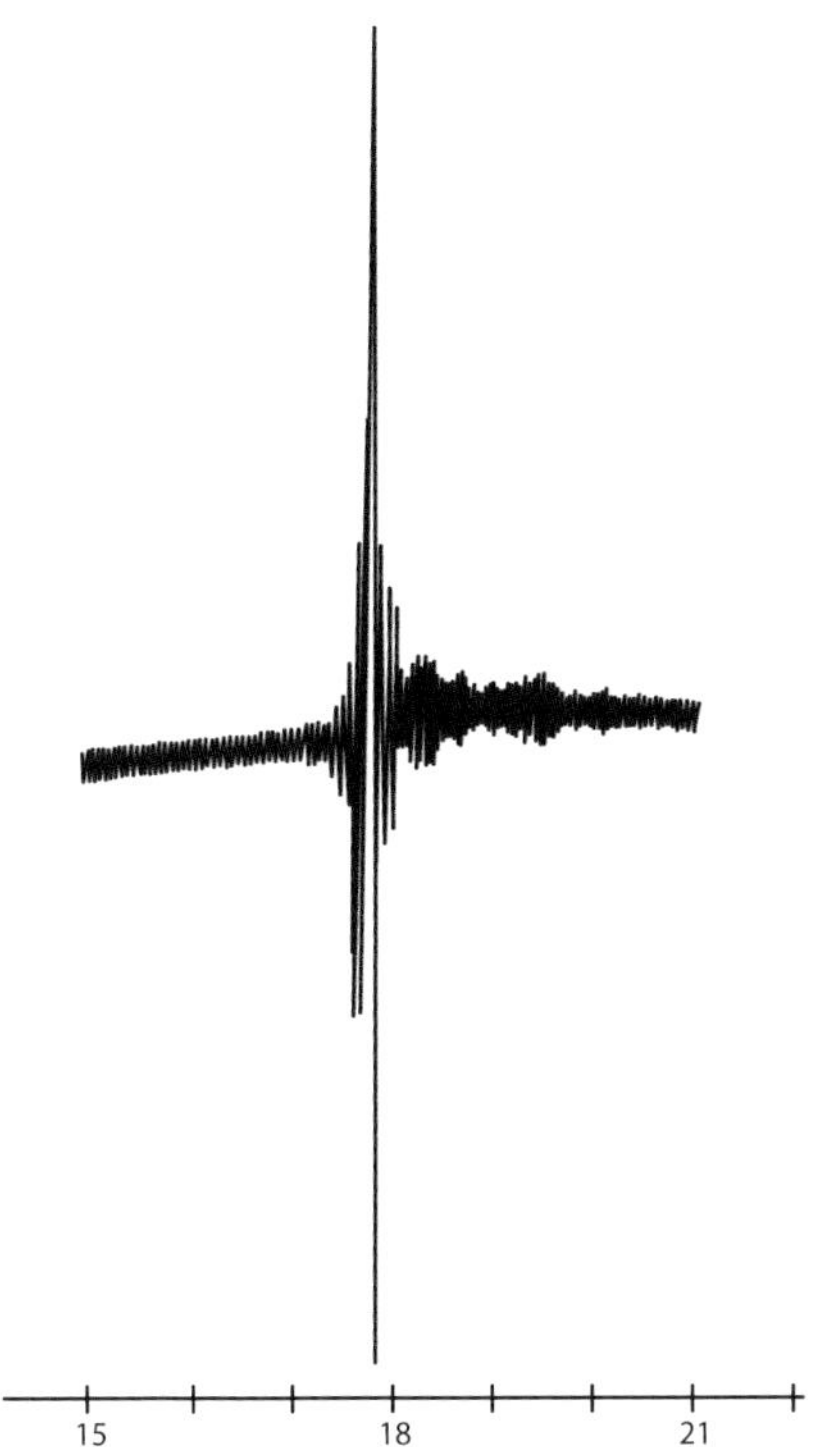

1889年4月17日にドイツ、ポツダムでエルンスト・ルートヴィヒ・オーガスト・フォン・レボイル・パシュウィッツによって記録された世界初の地震記象。震源は日本。

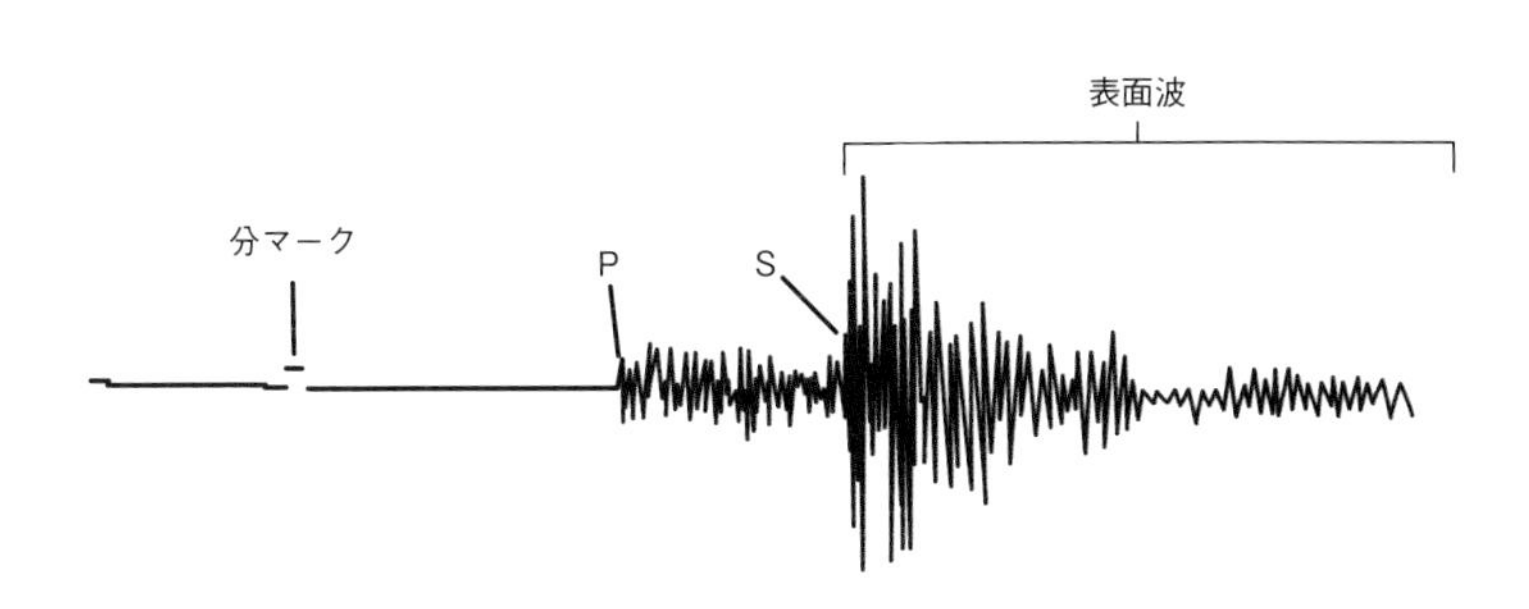

典型的な振動記録。地震の後に地球を伝わる圧力波が示されている。

ジョン・“地震の”ミルン(1850−1913)と日本人のトネ夫人。ワイト島にて。

リチャード・ディクソン・オールダム（1858−1936）は初めて地震記象のＰ波、Ｓ波、表面波を明らかに区別し、地球には核があるという最初の明確な証拠を得た。

地球の内核を発見したインゲ・レーマン（1888−1993）。1936年に地震の記録を使って、地球の核はすべて溶融しているのではなく中心に固体があると提唱した。

地震学で多数の先駆的な発見をしたベノー・グーテンベルク（1889-1960）。チャールズ・リヒターとともに、地震の大きさを示すスケールを考案した。

ハロルド・ジェフリーズ（1891-1989）は大陸移動説に反対していたが、地球内部の研究に大きく貢献した。

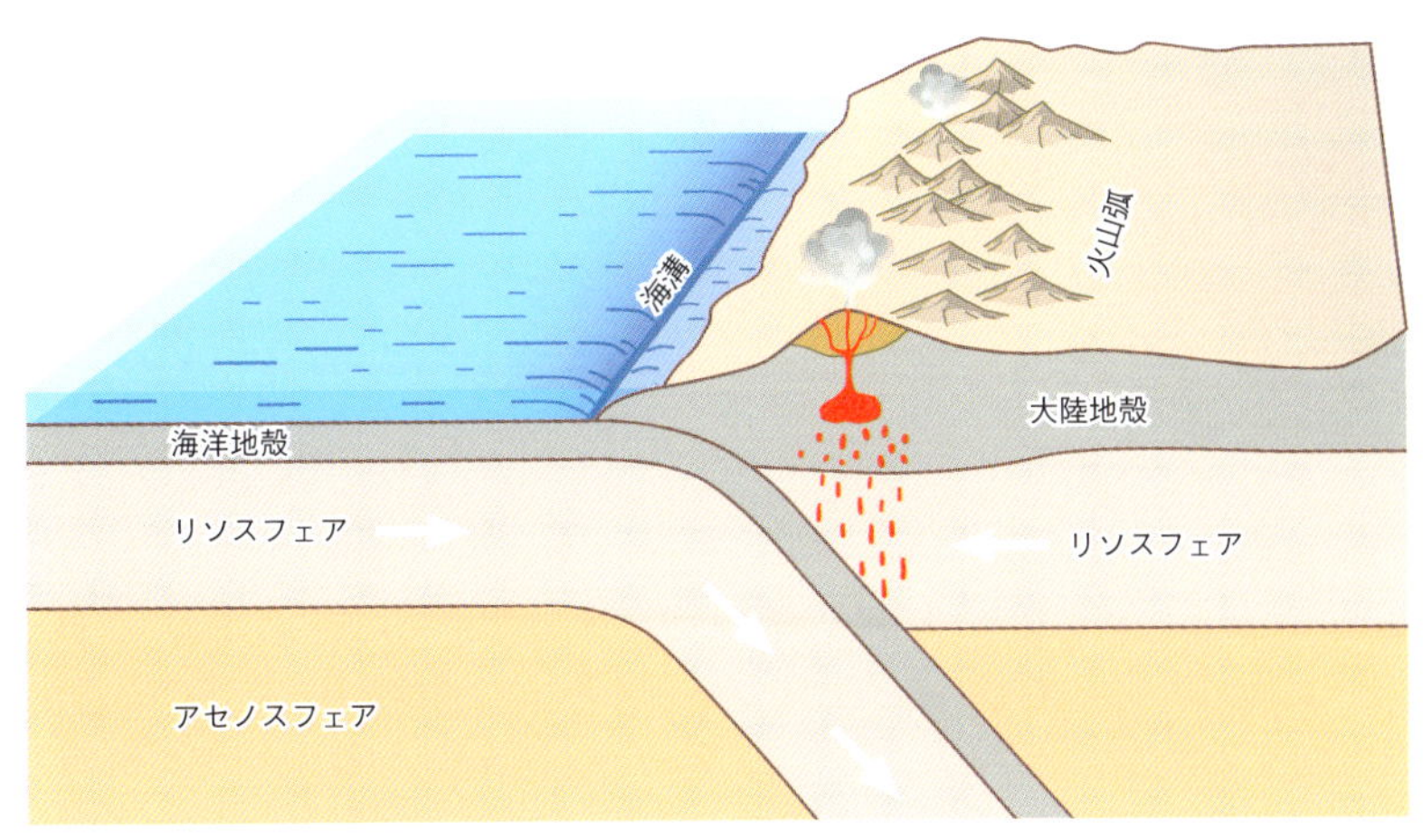

沈み込みは固体地球で最も重要なプロセスだ。海洋底がマントルに沈み込み、循環される。

超高圧研究の草分け、パーシー・ブリッジマン（1882−1961）。地球に最も多く存在する鉱物は彼の名前にちなんでブリッジマナイトと命名された。

金属セル中に向かい合うように配置された２つのダイヤモンド。ダイヤモンドアンビルセルを使えば、地球深部の圧力を再現できる。

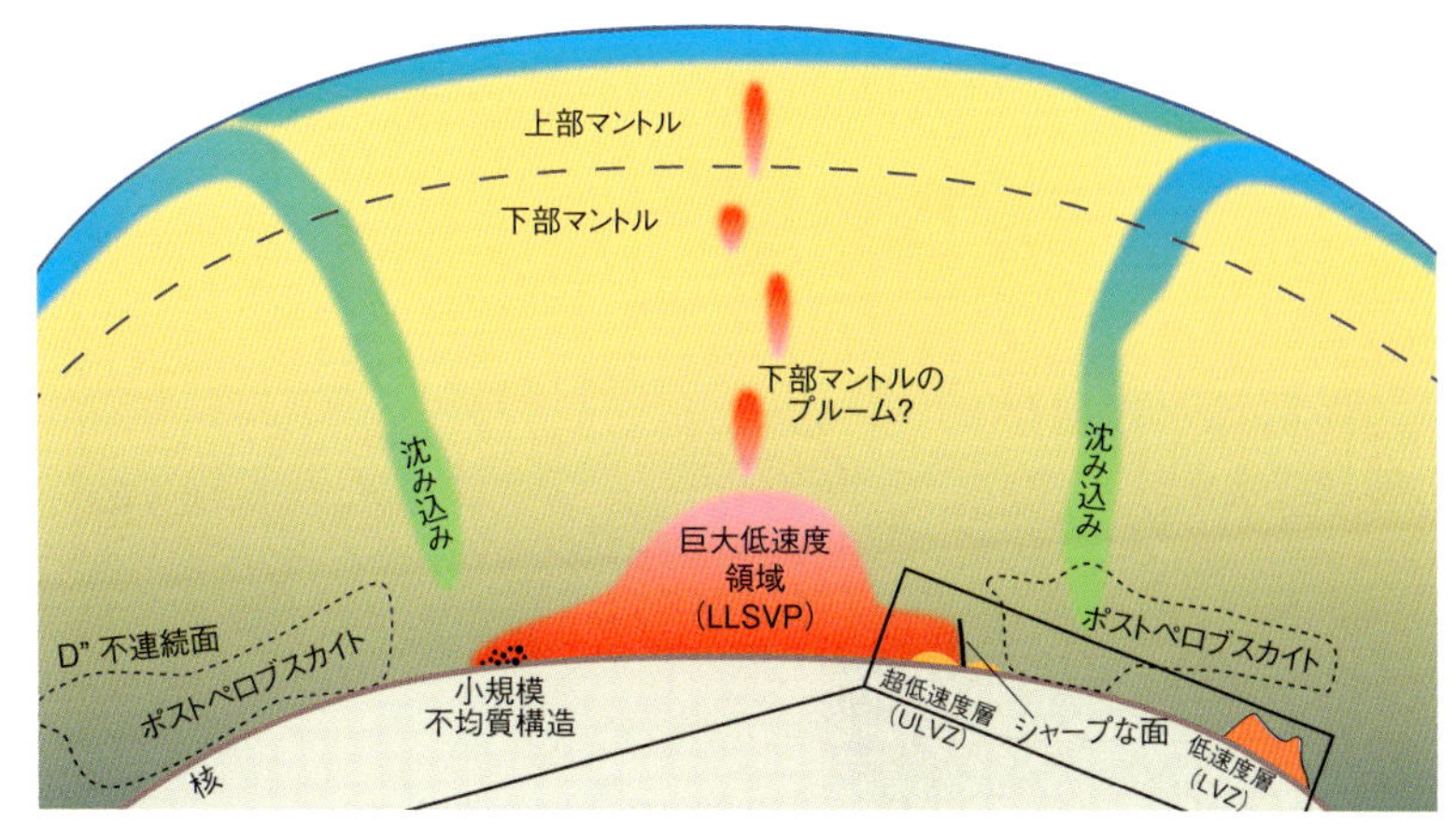

マントル深部の断面図。かつては比較的特徴に乏しい領域とみられていたが、現代では、非常に活動的な領域であることがわかってきた。

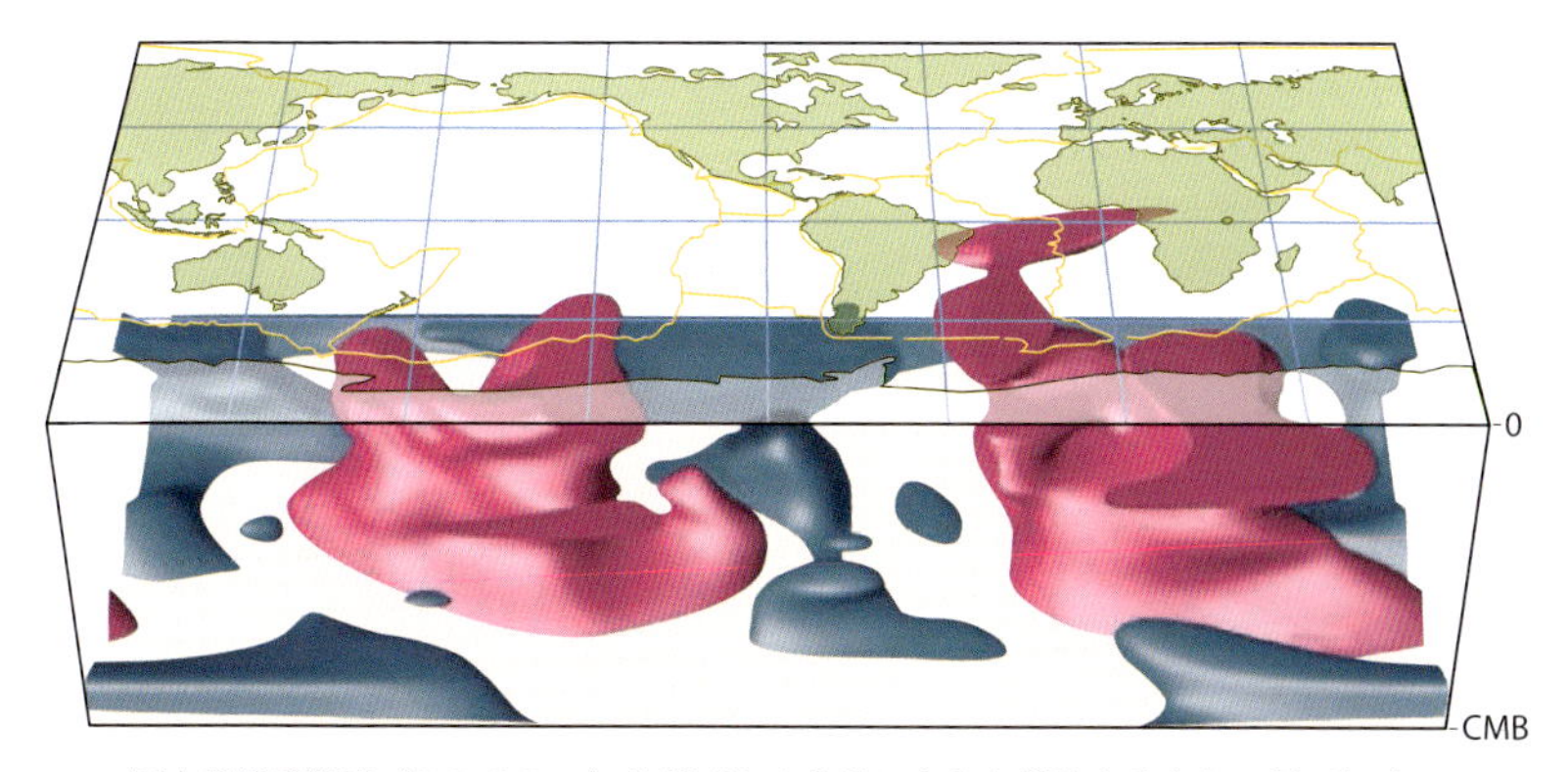

巨大低速度領域(ＬＬＳＶＰ)と呼ばれる非常に大きな構造が私たちの足下深くに存在する。

メリーランド大学にある液体ナトリウムを回転させる球体。地球ダイナモのヒントが得られる。

JOURNEY
TO
THE CENTRE
OF
THE EARTH

地底
——地球深部探求の歴史

デイビッド・ホワイトハウス［著］
江口あとか［訳］

築地書館

口絵図版

ページ１：（上）Tim Oliver 作成の図を改変

（下）© J. W. Valley , University of Wisconsin-Madison

ページ２～３：© Jonathan O'Neill

ページ４：© J. W. Valley, University of Wisconsin-Madison

ページ５：© Vladimir Khmelinski/Territorial Agency

ページ６～７：© Ria Novosti/Science Photo Library

ページ８：© University of Göttingen

ページ９：（上下ともに）Tim Oliver によって改変

ページ10：© Carisbrooke Castle Museum

ページ11：（上）© National Portrait Gallery, London

（下）© Emilio Serge Visual Archives/American Institute of Physics/Science Photo Library

ページ12：（上）© Courtesy of the Archives, California Institute of Technology

（下）© A. Barrington Brown/Science Photo Library

ページ13：（上）Tim Oliver によって改変

（下）© Smithsonian Institution Archives. Image SIA2008-0025

ページ14：© Max Alexander

ページ15：（上下ともに）Tim Oliver によって改変

ページ16：© Daniel Lathrop and Daniel Serrano, University of Maryland, College Park

Japanese translation by Atoka Eguchi
Published in Japan by Tsukiji Shokan Publishing Co., Ltd., Tokyo

まえがき

私は生まれてこの方、いつも空を見上げて、地球という惑星から見える景色に思いを馳せてきた。天文学者として人生を過ごし、近くの星々や遠い銀河を見つめ、望遠鏡や衛星を使って宇宙を観察してきた。自分の足下に広がる地底について考えることなどほとんどなかった。もちろん、地球がどのように誕生したのか概略は知っていたが、私にとって地球は、研究をするための足場であり、研究の対象ではなかった。

月や太陽、宇宙旅行などに関する本や、ガリレオの伝記を書き終えた後、私は次の題材を探した。アイディアはあふれるほどあった。だがその多くは、執筆に要する時間を考えると、意に沿うものではないことがわかっていたので、対象を広げ、長年無視してきたSF小説の古典を読み始めた。そして、必然的にH・G・ウェルズとジュール・ヴェルヌにたどり着いた。

両者ともに優れた空想家であり語部(かたりべ)だが、ヴェルヌの冒険の連続にすっかり夢中になった私は、彼の代表作と思われる『地底旅行』がもうすぐ百五十周年を迎えることを知り、地球という題材をいくぶんか詳しく調べ始めると、今までの自分に足りなかったものがわかった。これまでは宇宙の異世界、不思議な世界、驚きの世界を研究してきたが、私たちの世界の内側に存在する世界ほど驚きに満ちたものはなかったのだ。奇異や驚きが欲しいなら、足下を見ればいい。

私の友人の多くは、子どものころに自分がどのように夜空を発見し、小さな望遠鏡と星図を片手に星空を探検し始めたかというエピソードを持っている。そして今、かつて私が望遠鏡を持っていたのと同じように、子どものころから石を収集して岩石ハンマーを振りまわしていた人々の話に耳を傾けることになった。私の心と星図には星がきらめいていたが、彼らの手には岩石や化石、結晶があった。

そして今では、夜空を見上げるたびに、私の心の一部は取り残される——私の住むこの惑星、そして決して訪れることができない場所に。金星や火星の表面、はたまた太陽の画像も見ることができるというのに、地球の内部は決して見ることができないのだ。地底には目を見張るような驚異的な場所が存在する。天文学者がよく使う言い回しに「私たちは星屑から生まれた星の子どもだ」というのがあるが、地球も同様に私たちをはぐくむ惑星だ。宇宙のどこかには恒星を周回する惑星が存在し、地球に似た惑星には知的生命体が住んでいるはずだ。そのような星の中には、元の銀河から引き離されたものもあり、その乗客にはほぼ永遠の孤独が強いられているだろう。そこで、私は考える——彼らは自分の世界の真価をわかっているだろうか、多くの人類よりも自分の惑星の内部との結びつきを十分に理解しているだろうかと。

私たちの地底旅行、地球の中心への旅では科学がナビゲーターを務める。だが、その航海には私たちだけで乗りだすのではない。数千年前の神秘主義者から先見の明のある最初の人々、さらに実用科学者まで、この旅は単なる岩石と鉱物と原子の物語ではなく、人々の物語、葛藤や惨事、発見と絶望の物語である。なぜなら、破壊と死をもたらす地震の一つ一つが私たちが進まなければならない道、決して行くことのできない旅路を示してくれるのだ。

だが、決して行くことのできない旅ほど、よい旅があるだろうか。

この旅に際して、助言をいただいた以下の人々に感謝したい。ドン・アンダーソン、ジョン・オーナウ、デイビッド・ボテラー、ウィリアム・ブッチャー、ジュディス・コゴン、エドワード・ガーネロ、ダン・フロスト、コーネリウス・ギラン、スティーブン・ホーク・セカンド、ダン・レイスロップ、ジェフリー・ラブ、カレン・リスゴー、マウリツィオ・マテシーニ、ジョナサン・オニール、ウェイン・リチャードソン、リサ・ロスバチャー、ロバート・スターン、ドミトリー・ストーチェック、ホルボエ・チカルシック、ジョン・バリー。さらに、ペニー・アームストロング、ニックとサラ・ブース、ピッパ・コックスにも重ねて感謝する。

そして私の家族、ジル、クリストファー、エミリー、ルーシー、ウィリアム・エドワーズに深く感謝する。エージェントのローラ・スーゼンはただの着想でしかなかったころからこの本の可能性を信じてくれて、私がうなだれているときも支えになってくれた。さらに、オリオンブックスのアラン・サムソンには、本作を支持し編集をしてくれたことに感謝したい。

地底　目次

第1章　『地底旅行』への誘い

一八二八年二月八日、ジュール・ガブリエル・ヴェルヌは五人兄弟の長男として生まれた。父ピエールはパリの弁護士、母ソフィーはスコットランド人とブルターニュ人の血を引いていた。文学者の家系ではなかったが、ヴェルヌは子どものころから多くの作品を書いた。だが、初めての小説『気球に乗って五週間』が世に出たのは三十五歳になってからだった。その作品は大成功をおさめた。続けて『二十世紀のパリ』を執筆したものの、予期せぬことに出版社から酷評され、突き返されるという憂き目にあった。一九九四年になるまでその作品が出版されることはなかった。一作目の成功にもかかわらず、出版社に受け入れられるような新作を書かなければならないというプレッシャーを感じることになった。

ヴェルヌはパリで暮らし、一八五七年にオノリーヌ・アンヌ・エベ・モレルと結婚した。彼は科学に興味を持ちながらも、科学者と交わらなかった。その姿勢はSF小説作家としての長いキャリアの間ずっと貫かれた。だが、情報には敏感で、「年齢」が政界や科学界で問題になっていることを知っていた。つまり、地球の年齢、星の性質、人類の進化に関する議論などである。ヴェルヌは、スコットランドの地質学者チャールズ・ライエルが一八三〇年に出版した『地質学原理』に大いに刺激を受けた。地質学において、『地質学原理』の持つ意義は大きい。ライエルは、過去に世界を形作った過程は現在作用している過程と同じであると唱えた。それが起こるにはとてつもなく長い時間が必要になる。若き日のチャールズ・ダーウィンもこの本に大いに感化され、ビーグル号のキャプテン、ロバート・フィッツロイに一冊手渡している。後にダーウィンは、「ライエルの目を通して」岩石の層を見ることで新たな視点で観察したと語っている。全三巻のうち第二巻では進化が否定されているものの、ダーウィンがそれを読んだときには、すでにこのテーマに関する自身の見方を確立しかけているところだった。

『地質学原理』は、何世紀もかけて培われてきた人類と時間との関係を壊すものだった。聖書によれば地球は六〇〇〇歳であり、神が地球を作った直後に人類も作られたとされる。しかし、ライエルは、地球は少なくとも数百万歳であることを示し、過去を書き直すことで、ヴェルヌのような作家たちが新たな未来の姿を描くことを可能にした。過去の悠久の時間がこれから来る時間と一致するなら、技術や発見において、人類が新たな頂点を極めることが可能になるだろう。

『地質学原理』第一巻の口絵には、壮大な火山の断面図が描かれていた。ヴェルヌはライエルの流れを汲む他の本も読んだ。たとえば、フランスの科学者であり作家、ルイ・フィギエ（一八一九―一八九四）による一八六三年の著書、『大洪水以前の地球（The World before the Deluge）』。その数年前には、ダーウィンの『種の起源』が出版されたばかりだった。そして、ヴェルヌはアイディアを練り始めた。フィギエのアイディアを、本来やっていい範囲を超えて、今日では許されないかもしれないほどに借用し、『地底旅行』が生み出され、古典作品となった。ヴェルヌは、地球は六〇〇〇歳ではないし、地下に悪魔など住んではいないことを示そうとした。キリスト教の年代学はライエルとヴェルヌ――聖書ではなく石を使って説教をする二人――の地質学的年代と衝突したが、当時、自分自身について「知的なローマ・カトリック教徒」と述べていたヴェルヌは、物語の主人公たちに宗教的な問題を語らせなかった。彼の作品で語る役割を果たしたのは石だった。

ヴェルヌの作品は多様な層に訴えかけた。単刀直入に語られる冒険譚が、たとえばH・G・ウェルズの作品にはないような形で、若者の心をかきたてた。だが、それだけではない。彼の作品では、地球の深部への探検、月世界への旅行、そして海底二万里の中で、科学によって自然が征服されているのである。しかし、科学的アプローチを用いたものの、ヴェルヌは地球の科学をわかっていなかった。原子の構造も放射能も地震の分析もまったく知らないまま、地球のアーカイブを掘り進めたのだ。

地底旅行に乗りだした三人の仲間のひとりがこう言っている。「科学者にとって、説明のつかない現象は、深く心を悩ませるものだ」。ジュール・ヴェルヌの後の時代も、地球について新たな発見があるたびに、科学者は心を悩ませてきた。これからもずっとそうあり続けるだろう。

第2章　地球の中心へ

「降りていけ、大胆な旅人よ。七月一日以前にスカルタリスの影が落ちるスネッフェルスのヨクルの噴火口の中を降りていけ。そうすれば地球の中心に到達するだろう。すでに私が実行済みだ」

アルネ・サクヌッセンム

地球の中心に向かってまっすぐトンネルを掘れば、理論的には、わずか二十一分で中心に到達する。もちろん、それは可能ではない。太陽の表面ほどの高温や地表の三五〇万倍の圧力に耐えなければならないのだから。そのような過酷な条件に耐えられる素材はまだ開発されていない。だが、作ることが「できる」と仮定してみよう。

みなさんを乗せたカプセル型の乗り物をトンネルの入り口から放出すると、重力が働いて自由落下するだろう。一分もかからずに地殻を通り過ぎる。地殻は軽い岩石でできた外側の硬い殻で、厚みはたった三五キロメートルしかなく、地球の質量のわずか一パーセントにも満たない。地震波と競いあいながら落ちていくと、地球で一番大きな領域、マントルにたどり着く。マントルは地球の体積の半分、質量の六八パーセントを占める。そして、地殻よりも密度の高い岩石でできた上部マントルを過ぎると、岩石が粘土や水飴のように流れだし、数分のうちに、重要な遷移が見られる深さ六六〇キロメートルに達する。さらに降りていくと、約八分で下部マントルの底に到達する。下部マントルは神秘的で、奇妙な構造が存在する領域だ。マントルを下降してくる海洋底の残骸が循環し、温かい岩石のプルーム（マントル内の巨大なきのこ状の流れ）によって、何億年もかけて地表に戻っていくだろう――もしそうなればだが。

マントルの底に近づいたら、この旅で最大の衝撃に備えよう。地上でも内部でも他では体験できないような劇的な景色の変化が起こるのだ。深さ二八九〇キロメートルに達すると、岩石部分を突き抜けて、液体金属の海に突入する。この金属の海は外核と呼ばれ、大きさは火星に匹敵し、地球の体積の一〇パーセント、質量の二七パーセントを占める。この先二〇〇〇キロメートル以上の間、私たちは太陽のない海を航行する潜水艦乗組員だ。その海では、波が渦巻き、磁場と電場に分割された液体金属の嵐が、スローモーションで猛威をふるっているだろう。そして、次の衝撃が訪れる。さらに八分が経過し、深さ五一〇〇キロメートルまで下降すると、超高密な固体の球に入る。鉄とニッケルでできた球の表面には起伏があり、鉄の巨木が枝をいっぱい広げているように見える。これが結晶化した内核だ。地球の体積の〇・五パーセントしかなく、月より少し小さいが、地球の質量のおよそ二パーセントを占める。おそらく核はこの旅で最も不可解な謎だろう。長さが一〇〇キロメートルを超えるような巨大な鉄の結晶のそばを通り過ぎながら、深く考え込んでしまうはずだ。核では毎時約二万九〇〇〇キロメートルで移動し、中心に至ると無重力になる。核から地表までの旅はこれまでの旅の逆で、体の重さが徐々に戻り、再び下部マントルに突入して、無限とも思える岩の中を高速で進む。

もしかしたらみなさんは、核–マントル–地殻という区分ではなく、もう一つの区分を思い浮かべるかもしれない。アセノスフェア（岩流圏）と呼ばれる、上部マントルの中にあって岩石が粘土や水飴のように流動する比較的やわらかい領域を通過する。そしてついにリソスフェア（岩石圏）だ。リソスフェアは上部マントルと地殻からなる外側の硬い殻で、割れて構造プレートと呼ばれるものを形成している。カプセルは減速し続け、地表で止まるだろう。もう少し現実的にしたければ、摩擦を考慮して、トンネルから空気をすべて排出したらいいかもしれない。

　このように中心をまっすぐ進む地底旅行では、陸塊から出発して反対側の陸塊に到着するのは難しい。あまり知られていないが、ほとんどの陸地の反対側は海なのだ。実際、地表を「水半球」、つまり太平洋と「陸半球」に分類することができる。これから見ていくように、地球のそれぞれの側が異なるのは、地表で起こっている現象と非常に深いところで起こっている現象の表れである。アメリカの反対側は南インド洋、アフリカの反対側は太平洋だ。ただし、スペインからはニュージーランドへ、そして、チリからは中国に行くことができる。陸塊から入っても陸塊に出られない問題は、地球の中心を完全には通らないトンネルを通ることで解決できるだろう。面白いことに、それでも反対側までの旅行時間は四十二分のままだ。地球の中心への旅は幻想的な夢である。実際には地表に少しひっかき傷をつけられるだけで、深くへ降りていけばいくほど、物事はどんどん奇妙になっていく——この星の中に存在する複数の惑星を一枚一枚はぎとって露わにしていくごとに。

地底旅行の入り口

私は地底旅行の第一歩として、操業中の鉱山の中を降りていくことにした。イギリス北東部、レッドカーアンドクリーブランドにあるボールビー鉱山（カリウムを産出）の底部へと、一〇〇〇メートル以上降りていった。ボールビー鉱山はヨーロッパで最も深い鉱山の一つだ。延々と伸びる巨大なトンネルはほの暗く、電線や通気管、電灯が張り巡らされている。地下には一〇〇〇キロメートルに及ぶトンネルがあり、ロンドンまで往復してもまだ数百キロメートル残るほどの長さだ。

壁にきらきら輝く岩塩の結晶は、触れると熱い。着用が義務づけられている視認性の高い蛍光オーバーオールとサバイバル用品のせいでさらに暑く感じる。つま先にスチールキャップの入った安全ブーツを通して地面から熱が伝わってくるし、私の作業着はすでにびちゃびちゃだった。規則にはこう書かれている——水分を補給すること、単独で行動しないこと、眠らないこと。

時折、フォードの平台トレーラーが通過する。ヘッドライトを煌々と照らし、北海の下数キロメートルにある切羽（きりは）を往復して、金属ケージいっぱいに乗せた労働者を運んでいる。だがそこは、ときどき光が見えるだけの、深い影が落ちる静寂の世界だ。ある角を曲がると、労働者の一団が木製のピクニックテーブルで昼食を取っているのが見えた。ヘルメットのランプが唯一の光だ。彼らはまるで宙に浮いているかのようだった——宇宙の、星のない、無限の闇に。

立て坑の入り口に至るには、三枚の大きなスチールドアと、シューシュー音を立てる気密室を通らなければならない。ケージでの下降はなめらかで、通常のエレベーターに比べて何倍も速く、立て坑の側面が猛スピードで去っていく。地質時代をさかのぼりながら、自分が落ちていく穴の地層を心にとどめた。まずはごく最近、一万五〇〇〇年前の最後の氷河期に堆積した漂礫土の薄い層があった。そして、たった二〇〇万年前の鉄鉱石の層をあっという間に通過した。次はおよそ一億九五〇〇万年前のジュラ紀の暖海に堆積したライアス頁岩(けつがん)。三畳系上部統のコイパー・マール(泥岩とシルト岩の古い呼び名)とバトラー砂岩、そして後期ペルム紀の泥岩と続く。「大絶滅」として知られるペルム紀末の大量絶滅の際に堆積した薄い層を通り過ぎ、ようやく二億六〇〇〇万年前のペルム紀の蒸発岩にたどり着いた。

一〇〇〇メートル以上降りたところで、明るく照らされた広間に出た。そこは地上の工場かと思うような場所だった。換気ダクトの轟音と地表にカリウムを運ぶベルトコンベヤーの音が響いている。

ヘルメットの明かりを消してみてくださいとガイドに言われた。なんということだろう。完全なる闇を体験する人は少ないが、まさにこれがそうだ。真っ暗という言葉では表現しきれない。少しの間、手を伸ばしても届かない、この暗く、暑く、奇妙な世界以外に何も存在しないという感覚に襲われた。その後、私は坑道の壁に顔を押し当てて耳を澄ませた。いったい何をしているのかとガイドは不思議に思ったにちがいない。一時間に一度、世界の向こう側で起こった地震が岩石を通り過ぎる。衝撃波の中には、神秘的な核——旅の最終目的地——を通り過ぎてきたものもあるはずだ。

ある意味で私は、百五十年前にジュール・ヴェルヌが描いた空想の旅の始まりを再現している。ヴェルヌの『地底旅行』では、リンデンブロック教授と二人の仲間たちが空になった火道を探すためにアイスランドを旅行する。旅の前に教授が見つけた古代ルーン文字の手書き原稿の中に、暗号のメモが挟まっていたのだ。解読してみると、数百年前にアルネ・サクヌッセンムが行った地球内部への旅が記されていた。

その火山で教授は通路を見つけた。「ここだ！」と歓喜に息を切らし、「ここだ！　たしかに見つけたぞ。前進だ、友よ。地球の内部に向かって進むのだ」と言った。旅の仲間のひとり、甥のアクセルは言った――下降を始める用意がすっかり整ったとき、時計は十三時十三分をさしていた。

人間の順応の早さには驚かされる。新しい環境を受け入れると、空気、宇宙、日差しのある世界は瞬く間にただの思い出になってしまう。地下深くには、気持ちが安らぐような何かがある。単純というか、不変的というか、存在するのは自分とこの惑星だけで、注意を脇へそらせるような余計なものがまったくないかのように感じる。だが、それが真実ではないことを私は知っていた。まず学んだのは、地球内部への下降は孤独への道ではないということだった。岩石や鉱物、亀裂や断層、震動や動きにはそれぞれの物語がある。本のページを繰るように、千年かけて書かれたページを一枚ずつめくって、地層の秘密を読み解くことができる。最近の出来事、地質学的な過去、さらには地球が生まれる前の出来事さえもが、すべて暗号で刻みこまれている。すべてがつながっている――すべての層、領域、深さがお互いに影響しあっている。地下に降りていっても、何ものからも逃れることはできない。これから見ていくように、私たちは全員、地下の世界と深くつながっている。人間は空気と水の子どもであるように、地球の核の子でもあるのだ。

もし二億六〇〇〇万年前にこの場所にいたとしたら、赤道に位置するツェヒシュタイン海の岸に立ち、浅い海が消えていくのを見守っていただろう。灼熱の太陽が、水深は数十メートルしかないが幅は一〇〇〇キロメートルもある海にぎらぎらと照りつけていた。水面から蒸気が上り、霧が立ちこめている。水分子が一つまた一つと去るごとに、海水の塩分が増し、ますます生物が棲みにくい海になってゆく。空には鳥の姿はないし――なぜなら鳥が現れるのは先の時代だから――近くには動物もいない。世界を支配している魚類や爬虫類、巨大なゴキブリのような生物ははるか遠く、もっと海岸に近いところに生息している。

広大な沼地のような石炭紀の森は姿を消したが、恐竜はまだ出現していない。すさまじい氷河期と海水準の変動によって地表は様変わりし、すべての陸地が集合してパンゲアと呼ばれる超大陸が生まれ、パンサラサという全地球的な一つの海がまわりを囲んでいる。イギリスはパンゲアの北の部分、ローラシア大陸と呼ばれる陸塊の奥深くにあり、塩っぽいツェヒシュタイン海のふちすれすれに位置していた。そのまわりには世界最大の砂漠の一つ――以前の地質時代に存在していた延々と続く不毛な高地が浸食された残り――があった。

地球は変化する。地表も内部も常に変わり続けている。パンゲアの分裂はすでに始まっており、大陸が分かれて地表を漂流し始めていた。その後すぐ、一〇〇〇万年くらいのうちに大量絶滅が訪れる。このペルム紀末の絶滅は史上最大の絶滅事件で、すべての生物種の九五パーセントが消滅した。原因は不明だが、ツェヒシュタイン海やその他の似たような海が蒸発するときに、大気中にガスが放出されたことと関係があると考える研究者もいる。内陸海が小さくなるにつれ、塩類や鉱物、特にカリウムが堆積した広大な平野が残った。水はとうの昔に失われてしまった。その蒸発の残留物が私の近くに埋まっている。ある意味では、古代の海岸に立つことが今でも可能だということを証明している。

すでに述べたように、地底深くでも私たちは孤立していない。はるか遠い空間や時間に触れることができるのだ。地下の坑道の一つでは、とらえにくい暗黒物質を観測する実験が行われている。暗黒物質は宇宙の大部分を構成していると考えられているが、まだ確認されていない。理論的には、暗黒物質は宇宙に存在し、ときどき地球にふらふらやってくるため、他からの影響が少ない地下一キロメートルの地点に設置したセンサーで検出が可能なはずだ。地球を理解すれば、中心に行く途中であっても、はるか遠い時間と空間を感じ取ることができるということは、何ら不思議ではないだろう。

地球内部と宇宙のつながり

ツェヒシュタイン海のカリウムは、ボールビー鉱山で採掘される宝だ。カリウムは肥料として用いられ、イギリス国内の需要の半分をまかなっている。だが、もっと貴重な宝を手に入れたければ、さらに深く、人間がたどり着ける最も深い場所、ツェヒシュタイン海よりもはるかに古い海の、かつて海岸だった場所まで行かなければならない。

地球を掘るのにはいろいろな理由がある。探検してその姿を明らかにするのは人間の本質であり、それは子どもが砂浜に掘る穴でも人類が掘った最も深い穴でも同じだ。だが、人類が地球に開けた穴ははかないものに思える。アメリカ、ユタ州ソルトレイクのビンガムキャニオン鉱山（銅を産出）を例にとろう。一九〇六年から操業しているこの鉱山は、現在、世界最大の露天掘りで、幅四キロメートル、深さは約一キロメートルある。だが、穴が崩れないようにするのは容易なことではない。二〇一三年には地滑りが発生した。それは北アメリカで起こった史上最大の非火山性地滑りで、七〇〇〇万立方メートルの土砂がすさまじい勢いで側面を滑り落ち、銅の生産が著しく減少した。ビンガム鉱山は自然の谷と見分けがつかないが、世界で二番目に深い露天掘りはそうではない。見る者に与えるインパクトでは、シベリアのミールヌイ・ダイヤモンド鉱山に勝るものはないだろう。深さは五二五メートルしかないが、人口密集地の真横にぽっかりと穴があいており、思わず息をのむ光景だ。

だが、人間は探検して知識を搾り取るだけではなく、資源も搾り取る。金の採掘ほど心躍るものはない。金は究極的な誘惑だ。人類の歴史を通じてずっとそうだった。他の金属のほうが高価かもしれないが、それらはまれである。金よりも望ましく魅力的な金属はない。

南アフリカのヨハネスブルグにはエゴリ、または金の町という別名があり、ウィットウォーターズランド・アークと呼ばれる地域の横に位置している。ウィットウォーターズランドは、今までに発見されている中で最も豊かな金鉱地で、過去百三十年間に四万トンの金を産出している。言い方を変えれば、今までに掘られた金の約半分がここで採掘されたものである。ヨハネスブルグの西、約六五キロメートルのところにムポネン鉱山という世界で最も深い鉱山がある（ムポネンは「私を見よ」という意味）。

ムポネン鉱山では、毎日四〇〇〇人の労働者が地下の町に降りていく。鉱山の労働はオーブンの中で働くようなものだ。深部の岩石は六〇℃に達するので、熱くて触ることができない。巨大なダクトで冷たい空気を送って坑内の温度を下げている。鉱山を冷やすために、毎日六〇〇〇トンの氷が製造されている。氷と塩を混ぜたシャーベット状の液体を坑道に送り、空気を吹きかけるのだ。こうした冷却方法が取られているのはムポネン鉱山だけである。だが、なぜそこに金が存在するのだろう。岩石を一トン砕くと角砂糖一個分もの金が採れる。世界最大の金鉱地はどうやってできたのだろうか。

その答えは地球の初期までさかのぼる。後で述べるように、およそ四一億年前から三〇億年前にかけて、数億年間冷却してきた地球に多くの巨大隕石が衝突した。それは惑星の形成過程でとり残された岩屑の最終的な大掃除だった。地表の岩石に含まれていたすべての金は、この「後期重爆撃期」の前に地球内部に染みこんで、永遠に手の届かないところに消えてしまった。だが、この新しい衝突のおかげで、新しい金が地表近くに堆積することになった。

その時代（始生代）には大陸は存在せず、火山からなる島弧しかなかったが、およそ三九億年前にいくつかが融合して、後期重爆撃でもたらされた金を含むカープバールクラトンと呼ばれる最初の小大陸の一つが形成されたのではないかと考えられている。そして、三〇億年前までには、河川によって岩石が浸食され、金を含むシルト（砂と粘土の中間程度の粒径を持つ砕屑粒子）が広大な三角州に運搬された。だがそれだけなら、地球上で最も豊かな金鉱地はできなかった可能性が高い。水と時間の作用で金は散り失せてしまっただろう。ヨハネスブルグが金の町であるという事実は、最初に金が堆積してから一〇億年以上たった後に巨大隕石が衝突したことに起因する。その隕石は直径が五〜一〇キロメートルあり、後期重爆撃期以降では最大級で、現在フレデフォートの町がある場所に衝突して、直径三〇〇キロメートルのクレーターを形成した。衝突で地下の層が持ち上げられてひっくり返った。これにより、ヨハネスブルグの近くでは金を含む地層が地表近くに移動したが、衝突地点の金はさらに地下深くに押し込まれた。一八八六年に小川から金が発見された後にこの地に押し寄せてきた採掘者はみな隕石の破片を探した。地球の内部と宇宙はつながっているのである。

数年前、ムポネン鉱山では、主要な金脈が尽きることが判明し、新たな金脈の発見を目指して放射状に調査用の穴が掘られた。脈は見つかったが、主要な立て坑からかなり離れており、現在の掘削地点よりも深かった。そして、掘削計画が開始された。爆薬一つで二〜三メートル前進し、新記録の深さまで掘ってから横に進むのに、数年の歳月と六〇〇個以上の爆薬を要した。レベル一二六の底にある看板にはこう書かれている。「あなたは世界で最も深い場所、地表から三六一二メートル、海抜マイナス二〇五九メートルに立っています」。ここが人間が到達できる最も深い場所――地殻の三分の一の地点だ。

ムポネン鉱山には約四〇〇キロメートルの坑道があるが、そのほとんどがもう使われていない。しかし、うち捨てられた坑道には人々が違法に居住しているものもある。彼らは「ムポネンのゴースト・マイナー（幽霊鉱山労働者）」と呼ばれ、暗闇の中、人目を忍んで岩屑をあさる奇妙な生活を送っている。本当はそこにいてはいけないのだが、こっそり潜り込んだり、シャフトのオペレーターに袖の下を使って入ってくるのだ。捨てられた岩屑の中から金を含む岩石を探し出して抽出する。水銀のような有毒な化学物質に身をさらし、危険な方法を用いて地下で製錬しさえする。こうした現代のモーロック族［訳注：H・G・ウェルズの小説『タイム・マシン』に登場する地下に住む人種］は何カ月も地下にとどまるため、日光を浴びることがなく、食事も偏っているせいで、肌は灰色になり、目も飛び出している。家族全員が地下に住んでいる場合もあるし、定期的に売春婦も訪れる。警備員が一部を取り押さえることもあるが、マシンガンを所持する者もいるため、地下で銃撃戦が起こらないよう、彼らの存在は黙認されている。

ムポネン鉱山は最も利益の高い金鉱山の一つである。そして、地球内部と宇宙全体の結びつきを示す好例でもある。金は完全に地球の一部ではあるが、ただそこに埋め込まれたにすぎない。ムポネンの金はこの惑星に由来するものではなく、はるか遠い場所からもたらされたものなのだ。

地底高熱生物圏

二〇一三年六月三日、観測衛星スウィフト（Swift）が、獅子座の奥深くからやってくる高エネルギー放射線の激しい閃光を検出した。この数十年間、時折深宇宙――私たちの銀河からずっと離れたところ、それどころか、銀河系が所属する局部銀河群よりも遠く、超銀河団よりもはるかに遠いところ――からガンマ線の強い閃光が届くことが知られている。その約五分の一秒のガンマ線バーストは、グリニッジ標準時二〇一三年六月三日十五時四十九分十四秒に検出された。数秒以内にスウィフトは主な装置を観測に向けた。

このガンマ線バーストは「GRB130603B」と名づけられ、観測を促す通知が自動的に天文学界に送られた。アメリカ、アリゾナ州の巨大なMMT天文台では、「またとない機会」のために通常の観測スケジュールが破棄され、三時間以内に分割鏡を線源に向けた。検出から九時間後には、ニューメキシコ州にある超大型干渉電波望遠鏡群の電波天文学用パラボラアンテナが観測に参加し、その後、ハッブル宇宙望遠鏡と南米チリ中部にあるジェミニ南望遠鏡も仲間に加わった。

この現象は死んだ高密度の星同士が衝突して爆発したことによるもので、宇宙のはるか遠くから見えるほどのエネルギーが生み出されたのだった。衝突した二つの星は中性子星だった。中性子星は非常に密度が高く、スプーン一杯で五〇億トンにもなる。そのような物体の衝突は宇宙のどこからでも観測できる。爆発で宇宙空間に放出される残骸はあまりにも熱いため、原子同士が融合して金が生成される。GRB130603Bで形成される金は、地球約二〇個分に相当するだろう。このような出来事が、宇宙中に存在するほぼすべての金の生成要因である可能性が高い。私たちの銀河では、一万〜一〇万年に一度、中性子星同士の衝突が起こると考えられている。

地球に存在する金は星からの贈り物だ。贈り主は生きていた二つの星の残骸で、それぞれ超新星爆発で死を迎え、外層部が飛び散った後、圧縮された残骸が宇宙空間をさまよっていたものだ。ムポネン鉱山の労働者が、正規の労働者でもゴースト・マイナーでも、金のきらめきを見るたびに、人間と星との密接な関係がさらに強化されるのである。

だが、ムポネン鉱山の深部では、金よりもさらに珍しいものが発見されている。二〇一一年、プリンストン大学のタリス・オンストットとベルギー、ゲント大学のハエタン・ボルホニーが鉱山深部の岩石の割れ目からしみ出す水の調査をしていた。驚いたことに、水の中から長さ〇・五ミリメートル程度の線虫が発見された。「それが動いているのを見たときには、腰を抜かすかと思いました。黒くて小さなものが、にょろにょろ動いていたのです」とオンストットは言う。以前にもそのような深さで細菌が見つかったことはあるが、多細胞生物が発見されたのはこれが初めてだった。我に返った研究者たちは「光を愛さざるもの」という意味のメフィストフェレスにちなんで、「ハリケファロブス・メフィスト」と名づけ、データを集め始めた。この線形動物は高温に対して抵抗力があり、無性生殖し、生殖にパートナーを必要としない。細菌をエサにしており、他に栄養源はない。

もちろん一番の疑問は、いったいどこから来たのかということだろう。岩の中で独自に進化し、鉱山労働者によって姿を露わにされたとは考えにくい。むしろ、地表に生息していた生物に由来し、雨水によって鉱山内に運ばれてきた可能性のほうが高そうだ。とはいえ、そのような場所で生き延びられるのだから驚きだ。

地球内部の「地下生物圏」について思いを巡らす科学者がときどき現れる。岩の中に生物、つまり細菌が地下数キロメートルにわたって生息しているという説だ。およそ二十年前、今は亡きトーマス・ゴールドが『米国科学アカデミー紀要』に特筆すべき論文を発表し（彼はよくそうするのだが）、地殻の中に「地底高熱生物圏」が存在すると主張した。その生物圏は深さ六キロメートルまで広がるとされた。実際、二十年前に行われたいくつかの研究は、この新しい生命領域の広がりについて楽観的で、全生命の三五〜五〇パーセントが地下の岩石内に生息すると考えられた。今から振り返れば、そうした推測はまばらなデータと楽観主義に基づいていたといえる。地殻の最も深い層の海底堆積物の中には、細菌や菌類などのコロニーがある。広範囲に生息してはいるが、多くもなければ活動的でもなく、石油層で見つかる生物に似て、地下に移り住んだのであって、その場で進化したのではないだろう。

生命がエネルギーを得るためには勾配（温度や化学組成の変化）が必要なようだ。地下の岩石や放射線がエネルギー源になりえなくもないが、大規模な生物圏を支えられるほどではない。最近の推定によれば、私たちの足下深くに存在する生物は地球のバイオマスのせいぜい一パーセント、しかも、地球の生命体の中で最も活動的ではない一パーセントだと考えられている。

地球の中心を目指す男たち

ムポネン鉱山の労働者は地殻を誰よりも深く掘ってきた。だが、地球の中心に最も近づいたのは彼らではない。その栄誉を手にしたのは、海の最も深い部分、太平洋西部のマリアナ海溝を潜水した三人の探検家だ。マリアナ海溝は地球を覆う「構造プレート」の境界に当たり、一つのプレートが別のプレートの下に潜り込んでいる。海底が沈み込むに従ってできる溝が最も深い部分になっている。海溝の深さは一万九一一キロメートル。ムポネン鉱山よりも約八〇〇〇メートル地球の中心に近い。

三人の探検家はマリアナ海溝にたどり着いたが、それはたった「海底二里」の深さでしかなく、ヴェルヌの「二万里」にはほど遠い。「海底二万里」は地球の直径よりも長いのだ。一九六〇年、バチスカーフ・トリエステ号は、米海軍大尉ドン・ウォルシュとスイス人ジャック・ピカールを乗せて最深部に到達した。二〇一二年には、映画監督のジェームズ・キャメロンが、ディープシー・チャレンジャー号で到達している。トリエステ号のほうがディープシー・チャレンジャー号よりも、わずかながら深い場所に到達したと考えられている。何年も後のことだが、私はイギリスの海洋学会でドン・ウォルシュと話をしたことがある。会場を歩いているウォルシュに誰も気がつかなかったのには驚いた。彼が到達した場所を訪れた人間は、月面に降り立った人間よりも少ないというのに。

ウォルシュがその素晴らしい旅について詳しく話してくれたので、ピカールとともに地球の中心に最も近づいた人間になった感想を聞いてみた。すると、個性的といえるくらいの謙虚さでこう答えた。「そうですね、北極海の北極のところを潜ればさらに中心に近づけます。地球はつぶれた球体ですから、核に最も近づくことができるのは北極のところです。マリアナ海溝よりもたった二〇メートルしか近くはなりませんが、いつか行ってみたいですね」。

ボールビー鉱山から地表に戻る前に、もう一つしておきたいことがあった。ひざまずいて、塩っぽい塵を払い、岩盤を露わにした。そして、熱い岩の上に手を置いて目を閉じた。何かについて知りたいと思うなら、そのものに触れてみるのが大切だとよくいわれる。私の下には、六三七〇キロメートル離れたところに核がある。地表に住む者にとっては、それはたいした距離ではない。パリからデリー、シドニーからシンガポール、または北大西洋の幅くらいしか離れていない。だが、地球の中心への旅は、決して行うことができない旅だ。地球は私たちをからかうかのように、内部の岩石を露わにしては、また飲み込んでしまう。深部をまっすぐ目指す現代のコロンブスは、衛星や地震計やスーパーコンピュータの力を借りて、バーチャルな旅をすることしかできない。

地底にはこの惑星の歴史がある。結晶や鉱物、温度や圧力に歴史が刻みこまれている。私の下には地殻と厚いマントルとの境界があり、マントルの細かな区分を通過して、高温の領域から地表へと上昇してくる巨大な熱い岩石のプルームをよけながら進み、マントルに沈み込んだスラブ（アセノスフェアまたはそれより深く沈み込んだ海洋プレート）が圧力で押しつぶされてミシミシと音を立てて曲がるそばを通り過ぎ、溶けた鉄が渦巻く広大な海を潜って、巨大な結晶からなる固体鉄の核にたどり着く。地表のこの小さなひっかき傷の六三七〇キロメートル下まで降りていくのだ。

最初の地質時代である冥王代から数十億年、そして、気だるいツェヒシュタイン海に日光が激しく降りそそいだ時代から二五億年がたつ間に、地表が姿を変えてきたように、内部もまた変化してきた。人類は数十万年前に大陸を移動し、最近になって文明を築いた。大都市をつくっても、ほとんど解明されていない地球内部の力に抵抗できないまま、ただ崩壊するのを見ているしかない。地球は私たちの味方であり敵でもある。その力が人間の存在そのものを脅かす日がくるだろう。

地球の中心への旅は、想像をはるかに超えるものだと私は思う。銀河の端やその向こう側への旅よりもドラマがあり、究極的で、科学がたくさん詰まっているはずだ。数々の冒険が私たちを待ちうけている。だが、その地底旅行には決して乗りだすことはできない。地球の中心に到達するよりも、遠くの星に到達する日のほうが近いだろう。

私はリンデンブロック教授のように旅を開始したところだが、彼とは違って最後まで進むつもりだ。古代の海辺で始まった旅は、地球の中心で幕を閉じるだろう。少し寂しい気持ちで、地表へ戻るエレベーターに乗りこんだ。上昇を開始したとき、私の時計は十三時十三分をさしていた。

第3章　多様な地下世界

古代ギリシャの哲学者プラトンは、まるで『地底旅行』のあらすじの一部のようにこう述べた。

地球そのものには、表面のいたるところに空洞の領域がいくつもある。我々の地域［地中海］よりも深く幅が狭いものもあれば、より浅く広いものもある。そのすべてはいくつもの水路――幅が広い水路もあれば狭い水路もある――によって地下でつながっており、一つの流域から別の流域へと大量の水が流れている――巨大な地下の川が絶え間なく流れ、熱い川も冷たい川もあり、さらに火の川もある。大きな火の川、液体の泥の川、澄んだ川、濁った川、シチリア島の川のように溶岩が流れる前に泥が流れたものや溶岩の川自体も存在する。

地球は空洞で、訪れると奇妙で面白い場所だと多くの人が考え、長きにわたってそう信じられていた。そこは死後の世界だった。地球の内部には悪魔がいる地獄があるとされたり、死者の住まいだとする地域もあった。大小の洞窟は地下世界への入り口だと考えられていた。黒海の南海岸にあった古代都市ヘラクレア・ポンティカの洞窟のように、ギリシャやローマ世界ではさまざまな場所に入り口があった。アイルランドのロスコモン州には、ケルト神話でクルアチャンと呼ばれる洞窟があるが、地下世界のすべての野獣がかつて棲んでいた地表に戻ってくる場所だとされた。ときどき歴史の流れを変えるために、地下に住む神のような人間が超自然的な力を持って現れることもある。多くの神話において、地球の内部は、普通の人間には冒険などできない異質な世界だとされていた。

地球内部に広い空間が存在するという説を強く支持する変わり者や作家もいた。微分積分やグラフ理論の分野で基礎的な発見をした偉大な数学者、レオンハルト・オイラー（一七〇七―八三）は、高度な地底文明を照らす内部の一つの太陽という、いわゆる思考実験を提唱したといわれている。一七四一年には、ルズヴィ・ホルベア（一六八四―一七五四）が小説『ニコラス・クリミウスの地下世界への旅』を発表した。主人公は地球の内部にある小さな球の上で、知的な木とともに数年間を過ごす。「地球は空洞であるとし、殻の内側にはより小さな球があり、その空にはより小さな太陽や星、惑星が輝いていると考えた人たちの推測は当たっている」と書かれている。そして、ジャコモ・カサノヴァの作品もある（そうあのカサノヴァだ）。およそ二〇〇〇ページに及ぶある物語では、男の子と女の子の兄弟が恋に落ち、メガミクルと呼ばれるさまざまな肌の色をした雌雄両性のドワーフが居住する地下のユートピアを発見する。

奇妙なことに地球空洞説は、アメリカの軍人や思想家の多くに熱烈に支持された。オハイオ州ハミルトンのジョン・クリーブス・シムズ・ジュニア（一七七九―一八二九）の墓の上には、空洞地球を示す彫刻がある。地球は四つの殻からなり、開口部が両極にあるとこの陸軍士官は唱えた。「地球は空洞であり、内側は居住可能なことを宣言する。同心円の固体の球体が入れ子になっており、両極には一二～一六度の開口部がある。私はこの事実を証明することに命を捧げたい。もし世界がこの事業を支持し支援してくれるのなら、その空洞を探検する用意がある」。シムズは講演活動で名を売り、多額のお金を集め、たくさんの信奉者が彼の考えを説いてまわったものの、科学者からの賛同は得られなかった。シムズは北極の穴の探検を提唱し、アメリカの大統領ジョン・クインシー・アダムズが支援を示唆したが、実際に開始される前にアダムスの任期が終わってしまった。次に大統領になったアンドリュー・ジャクソンの反応は冷ややかなものだった。

初代リットン男爵エドワード・ジョージ・アール・リットン・ブルワー＝リットン（一八〇三―七三）はイギリスの小説家、詩人、劇作家であり、政治家でもあった。リットン卿はさまざまな表現を作った。たとえば、「ペンは剣よりも強し」など、私たちは知らず知らずに彼の言葉を口にしている。『ブリル：来るべき種族（Vril: The Power of the Coming Race）』（一八七一年）という小説は代表作ではないが、地表の返還を要求する時が訪れるのを待つ地底人の物語だ。この小説で地球空洞説は一躍有名になり、ナチスの神秘主義に影響を与えたとまでいわれている。エネルギーを意味する「ブリル」という言葉は、ボブリル（牛肉のエキス）から借用したものだった。

マーシャル・ガードナーなる人物は、一九一三年に『地球内部への旅』を出版した。彼は空洞地球の模型を作り、特許を取得している（米国特許一〇九六一〇二）。一九一五年には、地質学者でありロシア初のSF小説作家のひとり、ウラジーミル・オーブルチェフ（一八六三―一九五六）が『プルトーニア（Plutonia）』という小説を発表した。その物語では、空洞地球の中に太陽があって、有史以前の動物が生息している。人物設定がお粗末で筋書きも単純すぎるが、オーブルチェフの地質学の知識が欠点を補っている。ロブサン・ランパは一九六三年の著書、『古代の洞窟―チベット少年僧の不思議な物語』で、ヒマラヤの下に存在する地下洞窟システムを描き、洞窟は古代の機械類や記録、財宝で埋め尽くされていると唱えた。だが、実はランパの正体はイギリス、デボン州の配管工、シリル・ホスキン（一九一〇―八一）であることが発覚し、彼の主張の信憑性はいくらか薄らいでしまった。その後もロブサン・ランパは宗教とオカルトを混ぜあわせた本をたくさん出版している。『ラマとの暮らし（Living with the Lama）』は、飼っているシャム猫のミセス・フィフィ・ウィスカーズが彼に書き取らせたものだとされている。

　地球空洞説と地下世界にある洞窟説は、一九五〇年代からの数十年間、ＵＦＯと密接に結びつき、時にはアトランティス大陸の伝説とも一緒になって、信憑性がそもそもあったかどうかは疑問だが、非科学的なとりとめのないものになりさがってしまった。だが、空洞説が現代のＳＦ、特にテレビ番組で繰り返し使われる不可欠な要素になっていることは言うまでもない。一九九五年のドン・ローザのコミック作品、『ユニバーサル・ソルベント（The Universal Solvent）』では、一九五〇年代の技術を使って地球の核まで旅する方法が描かれている。ダイヤモンド以外をすべて溶かす力を持つ想像上の溶剤（ソルベント）が誤ってこぼれ、核まで続く縦穴が開いてしまうのだ。破壊的な溶剤を回収するための地底旅行が、実に詳細に描かれている。見事な想像力賞を与えたいのは、テレビ番組『ティーンエイジ・ミュータント・ニンジャ・タートルズ』だろう。シーズン三の「タートルズ、恐竜時代に行く」というエピソードにはすべてが含まれている――地下深くの洞窟に恐竜が棲んでおり、太陽のような働きをする結晶が、生きるためのエネルギーの源になっている。

第4章　地球内部の過去と未来

『地底旅行』では、旅の途中で三人の旅行者――リンデンブロック教授、甥のアクセル、ガイドのハンス――がときどき立ち止まり、目にしてきたものについて思いを巡らせる。これは読者に自身のメッセージを伝えるためにヴェルヌが取った文学手法だ。同じ効果のために使ったもう一つの手法は、アクセルに夢を見させるというものだった。

数世紀が一日のように過ぎていった。私は連続する長い地球の変化をさかのぼっていく。植物が姿を消し、花崗岩が柔らかくなる。激しい熱の作用のせいで固体が液体に変わる。水が地表を覆い、沸騰して蒸発する。地球は蒸気に包まれ、次第に太陽のように大きくまぶしい白熱したガスの塊になっていく。

いつの日にか形成されるであろう地球の一四〇万倍もある星雲の中を漂い、私は惑星間空間へ運ばれていく。そして、体は蒸発し、非常に軽い原子と混ぜあわされ、莫大なガスとともに無限の宇宙へと燃える軌道をたどっていく。ああ、なんという夢だろう。

私たちは岩石と金属、海洋と大気の世界に住んでいる。人類の生存は地球の薄い皮の上でしか可能ではなく、その範囲は高い山々の頂（いただき）までも広がってはいない。太陽系の内惑星（地球型惑星）――多くの類似点があるが顕著な差もある岩石でできた小さめの世界――の一つにただ必死にしがみついている。地球型惑星は太陽系のセントラルゾーンと呼ばれる領域を支配する巨大ガス惑星とはまったく異なる。さらに外側には、寒くて暗い氷の世界が広がっている。現在は各惑星が個別の軌道を持っているので、基本的に問題は起こらない。それぞれの世界は「生存者」であり、熾烈な戦いの末に勝ち取った安定を維持している。だが、小さな岩石の世界をよく見ると、探すべきものがわかっていれば、猛烈な形成の傷跡を見つけることができるだろう。それは、その動きや金属の中、または岩石に情熱を燃やす人たちの間でしか話題にならない元素の同位体に刻まれた母斑だ。母斑から多くのことがわかるが、特に、過酷な状況のもとで、驚くような速さで地球が形成されたことが示されている。地球の物語とその中心への旅は、さまざまな方法で語ることができるが、ヴェルヌが『地底旅行』について思索したのと同じ国の同じ年、百五十年前の五月の晩から語り始めよう。

一八六四年五月十四日の晩、ジュール・ヴェルヌはパリで、希望と期待を胸に二冊目の主要な本を書き進めるという一日の仕事を終え、いつもどおりに早く床につく準備をしていた。ちょうどそのころ、フランスの南部では、八時二十分ごろに巨大な火球が空をかけぬけて人々を狼狽させた。それは数年間で最も明るい流星で、レースカーテンごしに影を落としたといわれている。人々はドアや窓を開け放った。火球を見ようと外に駆け出す者もいた。火球は北に進み、白熱した光を失うと、真っ赤に燃えて、二〇キロメートルの高さで爆発した。後には長くたなびく白い煙の筋が残った。ほとんどが拳よりも小さい黒い石の破片が、南フランス、オルゲイユの近くの地面に打ちつけるやいなや、貴重な品を探す競争が始まった。

老若男女が丘を走り、馬に乗る者もいたが、たいていは徒歩で、何か変わったものが落ちていないかとブドウ園の間を駆けまわった。「イースターエッグハント」さながらに、宝物を見つけようと参加者全員が躍起になった。台車に乗せたり、バスケットに入れたり、エプロンにくるんだりして、できるだけ多くの破片が集められ、合計二〇キログラムが回収されたと推定されている。その黒い石はナイフで切れるくらい柔らかく、水に入れると分解した。うまく削ってとがらせると、木炭の棒のように字を書いたり絵を描いたりすることができた。この石を探すために博物館の職員が村を訪れたとき、村人が大金を手にしたことは言うまでもない。

ヴェルヌは火球を目撃しなかったが、数日後に新聞で隕石が落下したことを知った。それから何年もたった一九〇一年に、ある隕石落下をもとにして『黄金の流星（The Meteor Hunt）』という小説を書いている。その作品は息子によって改訂され、ヴェルヌの死後に出版された。物語の中でオルゲイユ隕石について触れられている。

その夜に落下したのはとても珍しい隕石で、発見されている中で最も有名な隕石の一つになった。オルゲイユ隕石は、たった九個しか知られていないCＩコンドライトグループの一つである。CＩコンドライトはインド、カナダ、タンザニア、そして驚くべきことにフランスで二回発見されている。近年の南極での探索でも四つ見つかっている。南極では氷原に落ちていると目立つため隕石が発見されやすい。オルゲイユ隕石は特別なものだ。水素とヘリウムを除くと太陽と同じ化学組成、すなわち、太陽を生んだガス雲と同じ組成を持っている。オルゲイユ隕石の破片は世界中の博物館に所蔵されている。かつて星々の間を漂っていたガスと塵の巨大な雲から太陽と地球が形成されたときの秘密が、この隕石に隠されている。

オルゲイユ隕石の話はまた今度にしよう。地球の中心への旅を始めるには、まずは地球がどこから来たのか、なぜこのような状態になっているのかを理解しなければならない。そしてやっと地底に降りていける。道がわかり、目にしているサインに気がつき、なぜそこにあるのか、どういう意味を持つのかを知ることができる——地球の内部はその過去であり、私たちの未来でもある。

原始太陽系星雲

私たちの地底旅行は、遠く離れた過去と空間、太陽や地球が生まれるはるか以前に一生を終えた遠い星から始まる。宇宙がまだ若かったころには、ビッグバンの生成物である水素やヘリウムなどの単純な元素しか存在せず、星を作ることは可能だが、惑星、少なくともきちんとした惑星を作ることはできなかった。惑星を作るには酸素やケイ素、マグネシウム、硫黄などの重めの元素が必要だ。星というものは化学工場であり、重めの元素を組み立て、超新星爆発を起こして宇宙を豊かにする。そして、太陽のような次世代の星、つまり岩石の惑星を形成できる星が生まれる土壌となる。太陽の先祖は、ビッグバンの後に続いた星のない時代の後に誕生した第一世代の星々だった。それらの星は太陽よりも大きく明るかったと宇宙物理学者は考えている。核では高温によって水素とヘリウムが融合し、より重い元素が作られていた。私たちにとって幸運なことに、星の多くは不安定で、一生を終えると爆発し、合成した物質を宇宙中にまき散らした。さらに、超新星爆発によってはき出された高温の噴出物の中でいわゆる元素合成が起こり、寿命の短い珍しい放射性元素が作られた。それらは地球誕生の年代を決定するのに有用なことが証明されている。なぜなら、それらは星の残骸から来たもので、そこから太陽や地球が誕生したのである。

第一世代星が死を迎え、私たちの銀河の下地を作るとき、放出されたガスの一部が集まって巨大な雲を形成し、後ろにある星々の光を遮って黒いシルエットになることがあった。はるか昔、太陽の原料となる原子はそのような雲の中に存在していた。地球や他の惑星を作る運命にある原子も、みなさんや私、今までに生まれたすべての生物の原子も一つ残らず含まれていた。それらは一〇億キロメートルの一〇〇倍の数百倍もある、星の光から遠く離れたほとんど空っぽの空間を漂っていた。天文学者が「分子雲」と呼ぶこの雲は、ゆっくり移動しながら低速で回転していた。分子雲は今日も見られ、銀河中で最も大きな住人であり、直径が最大で三〇〇光年もある。私たちの雲は、銀河の中心をまわる軌道上の星や雲に従いながら数十億年を過ごした。つまり、前世代の恒星大気で形成されたガスと極めて小さな粒子は、絶対零度より数度高く、今日ではほぼ真空といえるような分子雲の中を漂っていた。

だが、分子雲は極めて不安定な状態で、崩壊の瀬戸際にあった。もし質量が太陽の数万倍以上なら、実際そうだったと考えられているが、不安定になって分裂し、数百から数千の星からなる散開星団を形成する。それより小さな雲の場合は別の運命をたどる。近くの超新星爆発によって崩壊が引き起こされる可能性がある。雲の大部分は爆発した星の物質によって散逸してしまうが、コンピュータ・シミュレーションによれば、雲の中心部は一〇〇万分の一に圧縮され、崩壊を起こすのに十分であり、星を形成する過程が始まることがわかっている。

崩壊の中心部には初期段階の星の「もと」が形成され、その重力によって物質がどんどん引き寄せられていく。徐々に熱を持ち始め、特に核の部分が熱くなる。だがすべての物質が捕獲されるわけではない。物質の一部は原始星の軌道、つまり星周円盤と呼ばれる領域に入り、原始星近傍のガスが遠くのものよりも熱くなる。この温度勾配は惑星形成で最も重要な要因の一つだ。若い星を取り囲むガスの主体は水素とヘリウムだが、重い元素のごく一部も原始太陽系星雲から凝縮し始め、小さな粒子になり、こうしてできた小さな粒が合体してより大きな塊になっていく。

原始太陽系星雲の中に生まれた小さな天体の組成は、初期段階では形成位置に依存していた。太陽に近くて温度が高い場所では、凝縮するのは重い元素だけだが、離れるに従って軽い元素が凝縮し始め、凍結線（水が凝縮して成長中の破片が氷に覆われる距離）に到達する。凍結線まで近づいてはじめて領域内に鉄が見られると考えられている。そこでは水と鉄が反応して酸化鉄が形成されるのだが、酸化鉄は地球の重要な成分の一つだ。地球に成長していく天体には、元々は揮発性物質や軽元素は多く含まれていなかったと考えられている。

これらはすべて密かに進行していた。なぜなら、原始星と星周円盤は、まだより大きなガス雲の中に存在していたのだ。しかし、それもすぐ変わる運命にあった。ドイツ、バイロイト大学のダン・フロストは、最初期の地球研究の専門家である。「最初はすべてがガスでした。ガスが凝縮して塵になり、次に塵が集まり始めてビー玉大の塊になって、重力によってどんどん大きくなっていったのです」。この降着段階（小さな粒子が相互に引き合ったり、偶然衝突して合体することによって、次第に大きな物体が形成される過程）が終わるとすぐに、若い太陽は「Tタウリ星」と呼ばれる段階に入った。この名称は、その状態が初めて観測された星の名前に由来する。この段階で、太陽から流れだす強い太陽風によって原始太陽系星雲のガスが消散し、小さな岩石の天体だけが残ったと考えられている。残った天体の成分は原始太陽からの距離に依存していた。これはおよそ四五億六八〇〇万年前のことだった。

「物体が集合して大きくなればなるほど、重力は容赦のないものになります」とフロストは説明する。「五〇〇メートルぐらいだと考えられていますが、ある程度の大きさに達すると、内部の圧力と温度上昇によって変化が起こります。内部が溶融し、岩石質の物体の成分が分離するのです。さらに、アルミニウム26のような短寿命の元素――つまり、前世代の星が死滅する際に噴出物の大釜で合成された元素――の放射性崩壊による熱によっても、内部の温度が上昇します」。小さな岩石質の天体の内部には核が形成され、単なる岩の塊ではなくなっていく。金属、特に鉄が中心部に集積する。プロセスが始まってからたった三〇〇万年で、惑星の構成要素があちこちに存在するようになり、その中の一つが今日まで生き延びてきたのだ。

原始地球の姿

二〇一一年七月、地球から遠く離れたＮＡＳＡの探査機ドーンは、小惑星ベスタに接近していた。ベスタは平均直径が五二五キロメートルあり、小惑星帯で二番目に大きい。小惑星帯は、火星と木星の軌道の間にある岩石質の天体が集中している領域で、惑星形成の残り物が集まっている。惑星になるはずだった天体もあるが、木星の強い重力で形成を阻まれた。ドーンは二〇〇七年九月から宇宙を旅し、ベスタを訪れた初の探査機になった。二〇一一年五月に一〇〇万キロメートル以上離れたところから初めて観測写真が撮影されたときには、ベスタはただの光る点でしかなかった。一カ月後、軌道に乗るのに適した速度で航行できるように、イオンスラスター（ロケットエンジンの一種）を使って少し減速した。操作の成功を知って、世界中の科学者が胸をなでおろした。そしてすぐに、二七五〇キロメートル上空を六十九時間かけて一周する観測軌道に旋回しながら乗るために、スラスターを再び噴射した。その後、さらに接近して、六八〇キロメートル上空からマッピングを行った。そのころ南半球は晩夏で、南極付近に大きなクレーターが確認された。

ベスタは目を見張るような小さな世界だ——太陽系が若かったころの姿を垣間見せてくれる。それは太陽系に取り残された微惑星の唯一の例かもしれない。微惑星は太陽系の重要な構成要素で、合体して地球のような岩石の惑星を形成した。表面に見られるクレーターや小峡谷のはるか下には鉄の核がある。内部が溶融するほど熱くなったときに、直径二〇〇キロメートルほどの核が形成された。今日のベスタはほぼ孤独な存在だが、かつては若い太陽のまわりに密集し、激しい衝突の中で生まれては死んでいった数百万個のうちの一つだったろう。ベスタは偶然の生存者であり、他のあらゆる場所では完成してしまったプロセスのスナップ写真のようなものだ。

当初、原始地球には軽元素があまり存在していなかった。その位置では太陽が熱すぎて、ガスから凝縮できなかったのだ。しかし状況は変化した。微惑星同士が衝突してあらゆる方向に飛び散った破片が、太陽から放射状に広がっていたなめらかな成分勾配と混ざりあった。このようにして地球は、太陽から遠く離れた涼しい領域で凝縮した物質を多く含むようになった。遠くのほうでも劇的な変化が起こった。巨大惑星、木星と土星が急速に形成され、軌道が外側に移り、それによって揮発性に富むたくさんの微惑星が内部太陽系と原始地球に向かって飛んできた。

すべてはすさまじい速さで進行した。星雲の塵から完全に形成された惑星に姿を変えるのに、四十六億年の太陽系の歴史のうち、一億年にも満たない時間しかかからなかった。だが、核はさらに速く、最初の固体が凝縮してからおよそ一〇〇万年という短い時間で形成された。原始地球はおそらく今日の半分くらいの大きさで、衝突を受ける中、重い元素は核に流れ落ち、表面には軽い元素が上がってきた。過酷な衝突と内部の主要な変化に耐えながら、地球は私たちが知っている惑星へと変化していった。溶融した地表が冷えて、軽いケイ酸塩岩からなる外側の層が形成された。蒸気が立ち上る海さえ存在したかもしれないが、一時的なものでしかなく、激しい衝突で蒸発して、地表は再び熱いマグマに戻った。このように海が形成されては消えるということが何度も繰り返されたかもしれない。天文学者はそのような光景を常に目撃している。コンピュータ・シミュレーションで、初期の太陽系のさまざまな軌道上に大小の岩石質の物体をばらまき、それらが衝突するのを観察しているのだ。時間が経過するにつれ、たくさんの小さな天体が存在する世界から、いくつかの大きな天体が存在する世界に変わる。そうなると、天体同士の衝突は実に破壊的なものになる。

地球は非常に早い時期に安定し、四四億一七〇〇万年前には表面が十分に冷えて、液体の水が地表に存在していたし、内部も今日とほぼ変わらない温度になっていた。これは、その後さほど冷却されていないことを示唆している。寿命の短い海には、初期の生命が誕生していた可能性さえあるだろう。世界の最初期の岩石試料を見ると、原始的な生命が地球上に出現した速さに驚かずにはいられない。よし、これで完成だ――今日のものよりもやや小さいが、地球が形成されたのである。大気は有毒であっても、地表には液体の水が存在した。原始地殻が、おそらく火山から上昇してくる物質で形成され、内側には核があり、核の上にはマントルと呼ばれる領域があった。いろいろな意味において、それはもう今日私たちが知る地球そのものだった。

興味深いことに、海水の半分は太陽よりも古い可能性が最近の研究で示唆されている。塵とガス雲の挙動をコンピュータを使って詳しくシミュレーションした結果、後に形成された水でなく、分子雲の水を受け継いでいるかもしれないことがわかった。これまでは、雲の中にある凝縮してできた氷の結晶が蒸発し、水素と酸素になったのではないかと考えられてきたが、科学者はその説に懐疑的だ。水が後で再び作られたのなら、それは太陽系に特有の現象かもしれず、もしそうであれば、宇宙の他の場所で形成される多くの惑星系には、太陽系のようには水が存在しないかもしれないという考えもあった。今日私たちが知る生命には水が不可欠なのだから、他の惑星系は生命に適していない可能性があるというのである。だが、現在では、水は惑星形成の普遍的な成分だと考えられている。宇宙に惑星が多く存在するという証拠と合わせると、生命が発生する可能性のある地球のような惑星はいたるところにあるのかもしれない。

迫りくる惑星

そして、四四億四五〇〇万年前にその事件は起こった。

もしみなさんがその少し以前に、原始地球の上、おそらく島の上に立っていたとしたら、最期の時が訪れるまで、宇宙から飛んでくる物体の動きに首をかしげていただろう。だが、振り返るたびに少しずつ大きく見えたにちがいない——それは現在の火星サイズの惑星だった。最後の二十分間には、物体の動きが恐ろしいほど鮮明になり、結末が不可避なものであることを悟る。かすめるように衝突が起ころうとしているが、避難する場所はどこにもない。仮に古代の海に原始的な生命が発生していたとしても、消し去られる運命にあった。衝突体は大気を数秒で通過し、超音速の風が無理矢理突き進んで、ほんの一瞬、空は衝撃波で満たされる。近づくにつれて、地球と衝突体は潮汐力によってわずかに洋なし型に変形するだろう。そして、二つの世界がついに接し、互いの空が岩石で満たされ、別々だった二つの空が永遠に失われる決定的な瞬間が訪れた。

二つの天体がぎりぎり接触し、瞬間的に数百立方キロメートルの岩石が瞬時に蒸発して宇宙に放出された。瞬く間に二つの天体は白熱した衣で包まれてしまう。数分のうちに地球の主要な部分は失われ、残った部分はこれまでになく赤く輝いた。過熱状態にある岩石質の蒸気の帯が宇宙に向かってたなびき、二つの世界の残骸が衝撃波で激しく揺れた。新しい地球と月が生まれ、すべてが様変わりする。しばらくの間、大破した二つの世界は、輝く物質からなる腕のような狭い橋によってつながっていた。輝く物質は、どちらかの天体に落ちていくか、分裂して数珠状になった。歪んだ衝突体は、最も遠くても地球の直径の数倍の距離までふらふら離れた後、二度目の落下を始めた。そして今度は完全に破壊されてしまった。地球と衝突体からもたらされた新しい物質は完全に溶融していた——爆撃のように破片が降りそそぐ空の下で、液体の世界がゆったりと波打っていた。衝突から数時間のうちに、地球のまわりには岩屑の輪が形成されたが、まだ球形からはほど遠い。その後、宇宙空間に放り出された物質の多くは、すべてではないものの、じきに引っ張られて戻ってきた。そして、宇宙空間に残されたほんの一部が月になった。爆撃が次第におさまり、地球は進化できる状態になった。

驚くことに、地球はこの地獄の時代からあっという間に回復し、表面が固まって、およそ四四億年前に硬い皮を形成した。その皮は風化に強く、今日も存在している。底のほうからマグマオーシャン（マグマの海）が結晶化してマントルが形成された。最初の岩石そのものは失われた。残されたのはその破片だけだ。もしどこを探せばいいのか知ってさえいれば、見つけることができるだろう。

第5章　四〇億年前の粒子

ジャックヒルズは、ほとんど何もない地帯にある孤立した場所だ――世界で最も空虚で広大無辺な土地の中にある。ジャックヒルズは西オーストラリア州マーチソンにある丘陵地帯の名前である。この地域の辺鄙さは、いろいろな点において、さまざまな科学分野にとって「天の恵み」といえる。数キロメートル離れたところでは、重要な国際的天文プロジェクトが進行している。スクエア・キロメートル・アレイと呼ばれる、数百個の小さな電波望遠鏡を並べた施設が建設されているのだ。周波数の低い電波を使って高い解像度で宇宙を観察できるため、多くの発見が期待されている。人工電波干渉を避ける必要があるが、西オーストラリアのこの地域はまさにうってつけだ。一帯では牧羊が行われており、人々は村ではなく農場で暮らしている。道路は少ししかないが、科学者は陸路で移動し、四輪駆動車を止めて、ジャックヒルズを登り始める。ある岩体の露頭を目指して。

サイモン・ワイルドが地質学に興味を持ったのは、イングランドとウエールズの境にあるシュロップシャー州に伸びるリーキン・テレーン（または彼が後に呼ぶようになった新原生代の「ウリコニアンの丘」）の麓で育った学生時代にさかのぼる。地質学を学んだ後は、西オーストラリア州地質調査所に参加し、パース付近の地質図を作成する仕事を始めた。「当時、世界中のどこかにもっとよい仕事があったでしょうか」と後に語っている。というのも、その仕事は世界最古の鉱物の発見につながるものだったのだ。

彼が初めて西オーストラリア州のジャックヒルズについて知ったのは、一九八〇年にパースで開催された第二回国際始生代シンポジウムのために研究報告書を準備しているときだった。西オーストラリア工科大学（現カーティン大学）に移った後、仲間の研究員のボブ・ピジョンとともに、イルガーン・クラトン――二八億年前の花崗岩と変成岩の構造体――の西側の縁にある岩石の調査を提案した。「大成功でした。こうして物語は始まりました。その中の一カ所がジャックヒルズだったのです」。

それから数年、ワイルドと西オーストラリア工科大学のチームは、同大学のジョン・バクスターとボブ・ピジョンとともに、パースから八〇〇キロメートルほど車を走らせてジャックヒルズに向かった。太古の岩石が存在する地域であることはたしかだった。当時、六〇キロメートル南西のナライヤー山で地球最古の結晶が見つかっていた。だが、ジャックヒルズの地質についてはほとんど何もわかっていなかった。

月形成後の数千万年間で、最初にできた地殻は忘却の縁に沈んでしまった。そして、数億年後の後期重爆撃期に地殻は再び苛まれることになった。小さなものから最大で今日の大陸ほどもある岩屑が雨あられと降りそそぎ、数千万年かけて地表が作り変えられた。しかし、粉々に砕け散ったものの、地殻は小さな粒子として生き延び、非常に頑丈だったため、四〇億年以上も持ちこたえ、その後に形成されたほぼすべての種類の岩石に組み込まれることになった。一生懸命探せば、海底に堆積した岩石の中や、火山からはき出されたもの、または熱と圧力で変成した岩石の中から見つけ出すことができるだろう。海岸や砂漠の砂粒、ツンドラの凍土、さらには熱帯雨林の豊かな土の中からも見つかるはずだ。粒子は小さく、ほぼすべての場所に存在する。科学者はそれをジルコンと呼ぶ。

「いくつかの試料の結果が思わしくなかったので、サンプルW74に集中することにしました。古い粒子が含まれている可能性が一番高いと考えたためです。試料から分離したジルコンをエポキシ樹脂でしっかり固定してキャンベラに送り、分析を待ちました。その後、ボブ・ピジョンから電話がありました。大当たりだよ、と言うのです。ナライヤー山で見つかっていたものよりも、九〇〇〇万年ほど古い粒子が二つありました」。分析で得られた年代は四一億七六〇〇万年だった。

数年かけて一帯の地質図が作成されたが、さらに古い物質は発見されなかったため、一九九〇年代中ごろにはこの地域への関心が薄れてしまった。だが、地球最初期の岩石片の調査について、ある斬新なアイディアが登場し、研究者が再びジャックヒルズに向かうことになった。

サンプルW74

その研究者のひとりに、ウィスコンシン大学の地球科学教授、ジョン・バリーがいた。バリーはずっと岩石に興味を持っていた。「子どものころはボストンに住んでいて、父が地質学的な旅行に連れて行ってくれました。そのころからずっと先のとがったハンマーと岩石のコレクションを持っています」。特に変成岩岩石学――高温高圧下での岩石の再結晶を扱う分野――に関心があり、とりわけ、高温高圧の過酷な環境で起こる化学的および鉱物学的変化の研究に打ち込んできた。バリーは数回ジャックヒルズを訪れている。「あそこはすごい場所です。パースから五〇〇～六〇〇キロメートル手前に、北にありますが、パースがすでに隔絶された町ですからね。ジャックヒルズの五〇キロメートル手前に、人が住んでいる最後の農場があります。あたり一帯は驚くほど平らです。そして、北、東南、西に走る低い丘があります。そこに丘があるのは、非常に硬い石英の礫岩と砂岩があって、浸食されにくいからです。最初に訪れたときに丘の麓に小山があったので、そこを調べることにしました」。ピジョンとバリーは、エラノンドーヒルの麓の東側にある、かなり目立つ露頭から合計で三一の試料を採取した。だが、サンプルW74から地球最古の岩石の破片が見つかるとは思ってもいなかった。

「約十五年前、ある生徒とともにいろいろな年代の岩石を調べていました。その生徒はウィリアム・パックと言って、今はコルゲート大学の教授になっているのですが、当時私たちはさまざまな年代のジルコンに含まれている酸素を分析していました。私たちが考えていたことの一つは、ジルコンに極少量だけ閉じ込められている可能性がある、地球上で見つかる最古の酸素を調べるべきだということでした」とバリーは言う。そうすれば地球の初期成分を垣間見ることができると信じていた。

はじめに四〇億年前のカナダの岩石から分離したジルコンで試してみたが、放射線によるダメージが多く、信頼性のない計測結果しか得られなかった。「その後、一九九八年に北京で行われた会議でサイモン・ホワイトと話す機会がありました。サイモンはジャックヒルズの四二億年前のジルコン発見に関わっていたので、それらの酸素の比率を計らせてもらえないかと頼んだのです。十年ほど前に論文で発表した四二億年前のジルコンそのものは持っていないが、同じ試料から分離されたジルコンで年代測定をしていないものが一瓶分あるから、いくつか測定してみて、非常に古いものがないかどうか見てくれるとのことでした。サイモンは一九九九年に着手し、なんと分析の二日目に四三億歳のジルコンを発見したのです。それは当時、すでに見つかっていたどのジルコンよりも古いものでした。四二億歳のジルコンが見つかったときでさえ衝撃だったのです——初期の過酷な環境を生き延びられるものなどないはずだとみんなが考えていたのですから。ましてや、今回は四三億年前の試料が見つかったのです。彼がどれだけ興奮したかわかるでしょう。でもそれはちょっと怖いことでした——みんなの考えと真っ向からぶつかるものでしたから」。

サイモン・ホワイトからバリーとパックのもとに送られてきた結晶は、当時、世界で最も性能の高い酸素同位体比測定装置を所有していたエディンバラ大学に持ち込まれた。「小さすぎて通常の方法では分析できないことが問題でした。ミリグラムサイズの試料なら、ウィスコンシン大学の実験室でも可能です。ですが、エディンバラ大学の装置は、その一〇〇万分の一の試料も分析できました。そして、私たちは二〇〇一年に雑誌『ネイチャー』に結果を発表しました。私たちが知らないところで他のグループがこの発見を聞きつけてジャックヒルズに向かい、同時期にサンプルを分析して、相次いで同じような結果の論文を発表しました——彼らが見つけたジルコンは、私たちのものよりも古いものではありませんでしたが」。

まったく独立した二つの実験室とグループから、非常に似た結論の論文が発表されたため、あまりにも古い地球のサンプルが発見されたことに対する驚きはあったものの、結論は広く受け入れられた。

「私が知る限りでは、四三・五億年よりも年代が古く、論文が書かれているジルコンは六つあります——そのうち二つは私たちのジルコンです」とバリーは言う。W74のジルコンは、地球がまだできたてで、新しく生まれた月が空に輝く別世界だったころに凝固した元々の地殻の一部である。

だが、そのジルコンは記録破りの古さだっただけではなく、謎も秘めていた。酸素同位体データから、比較的低温で地表水と相互に作用した地殻の一部だということが示唆されたのだ。そのようなことがあり得るだろうか。当時の地球はいわば「地獄」で、地表の水はたちまち蒸気に変わっていたはずだ。しかし、証拠がどんどん集まってきた。そのジルコンはたしかに水と出会っていた。一九九九年、バリーらの研究とは独立して、W74と同じ場所で採取された試料から分離したジルコンを使い、カーティン大学のボブ・ピジョンとカリフォルニア大学ロサンゼルス校（UCLA）のマーク・ハリソンとスティーブ・モジェシスが関わって、酸素同位体の研究が並行して開始された。この研究でも同様な結果が得られた。エラノンドーヒルのジルコンのデータが、地球の最も早い時期の歴史を書き換えたのだ。

冥王代の地球

ジャイアント・インパクトで月が形成されてから数百万年間、地表はどろどろに溶けて荒れ狂い、煮えたぎる岩石がシューシュー音を立てながら吹き出していた。大気には蒸気や硫黄や有毒なガスが満ちており、冥界を彷彿させるため、科学者がこの時代を冥王代と呼ぶのも不思議ではない。衝突の前に原始的な生命体が存在したとしても、すでに消滅し、地球は再び生命のない星になっていた。だが、ほとんど大気はなく、地表から熱が放散して冷えていくうちに、薄い地殻ができはじめた。物理学的には、地表の岩石を猛烈に熱い状態のまま長期間保つのは非常に難しいことがわかっている。数百万年で地球は地殻に覆われただろう。赤熱した岩石の表面から宇宙空間に熱が放散する速度は、より温度の低い固体の岩石の場合よりもおよそ一〇万倍速い。地表のマグマオーシャンを数億年間保つことは不可能なのだ。

ジャックヒルズのジルコンは、下の岩石とは化学的に異なる地殻が四四億年前までに形成されたことを示している。それは「原始大陸地殻」と呼ばれることもある。この種類の岩石がどのくらいあったのかわからないので、大陸が完全に存在していたのかどうかは不明だ。今日と同じ量の完全な大陸塊があったと考える科学者もいるが、たしかなことはわかっていない。

初期の地球と最初に形成された地殻の状態を決める要素がもう一つある。当時の太陽は今日よりも暗かったと宇宙物理学者は考えている。もし、物理学者の意見とジルコンが示唆することを受け入れるなら、若い太陽に関する問題は非常に重要だ。およそ四四億年前から三五億年前の太陽の光度は、現在の約七〇パーセントしかなかったはずだ。地球の表面に届くエネルギーの大部分は、マグマからのもの以外はすべて太陽から届くものだ。だとすれば問題は、「初期の地球はなぜ地獄のようだったのか？」ではなく、「なぜ雪玉のようではなかったのか？」ということになる。

冥王代の地球は、赤道まですべて氷河に覆われていたのかもしれない。

ジャックヒルズのジルコンは、かつて地表に存在し、液体の水と相互作用した岩石が再溶融して形成されたとバリーは考えている。しかも、同じ分析結果を得るには、低温の相互作用が必要だ。発見されている地球最古の岩石、最初の地殻のサンプルは、人間の髪の毛の厚みほどしかない極めて小さな粒子だ。詩人ウィリアム・ブレイクの言葉とまったく同じだとバリーは言う。「一粒の砂に世界を見る」。

私は顕微鏡でジルコンの結晶を観察した。スライドガラスに載せられたその一粒は、光にかざせば裸眼でもなんとか見ることができるが、顕微鏡ではまったく別の世界が現れる——小さな結晶の中に、さらに小さな結晶が内包されている。フォーカスを調節すると、結晶のさまざまな面に焦点を合わせることができ、焦点が通過するたびに、それぞれの面が一瞬きらりと輝く。数え切れないほど遠い昔、形成時に包み込んだままになっている鉱物のために染みが見られる。私は、接眼レンズのところでぐずぐずと、地球という惑星の、現存する最古の破片に思いを巡らせた。

ジャックヒルズのジルコンよりもほんの少しだけ若いが、手に持つことができる古い岩石がある。それは地球上のある一カ所にだけ存在する。

深い根

一九二二年に制作された『極北の怪異（極北のナヌーク）』という先駆的な無声映画の冒頭にはこういうテロップがある。「神秘的な不毛の土地——荒涼とし、岩がごろごろ転がり、吹きっさらしの大地——世界の上にある広大な世界」。世界最古の岩石に触れたければ、そうした不毛の土地にでかけなければならない。四〇億年以上たった今でも、世界最古の岩石が地表に現れている。地球が今日とは別世界だったころ、衝突で月が誕生してからさほど時間がたたないうちに形成された岩石だ。地球の歴史を一日で表すなら、人類は真夜中になるちょうど二十秒前に出現するが、それらの岩石は午前一時ごろからずっと待っていた。

そこへ行くには、一〇〇〇カナダドル払ってエア・イヌイットに乗り、モントリオールから五時間十分かけて、五〇人乗りのボンバルディアダッシュでほぼ真北に進む。三番目の着陸地は『極北の怪異』の撮影地の近くにあるイヌクジュアクという町で、カナダのハドソン湾の岸にある。数億年間の大陸の動きを表す連続した地図や動画を見るとき、いつの時代でもハドソン湾がどこにあるかわかるだろう。ハドソン湾は息が長く、年月がたってもほとんど変化していない。イヌクジュアクは人口約一五〇〇人の町で、観光が主な収入源になっている。町にはホテルが一軒あるが、レストランは一つもない。

イヌクジュアクはイヌクスアク川の北岸に位置し、急流とターコイズ色の水で知られる。川に沿って考古学的な遺跡が多くあり、人類が数千年間居住してきた証拠となっている。何にも負けず、人類はそこに懸命にしがみついてきた。夏になると、やさしく波打つ丘と広々とした大地、そして淡褐色の岩石の露頭が見られる。二十世紀初頭、この地域はポート・ハリソンと名づけられ、フランスの毛皮貿易会社レヴィヨン・フレールが交易所を開いた。一九二〇年にはハドソン湾会社も交易所を開き、一九三六年にレヴィヨン・フレールを買収した。一九三五年には郵便局が開局し、王立カナダ騎馬警察署が設置され、一九四七年には看護ステーション、そして一九五一年に学校が開かれた。一九六二年には協同組合の店が開店し、一九八〇年になってようやく正式な地方自治体の一つになった。だが、なかなか人はやってこなかった。この地域に文明がもたらされた後も、イヌイットは伝統的な移動生活を継続し、一九五〇年代になってやっと村に定住し始めた。

四〇キロメートル南へ、海岸線沿いを一時間半ボートで進むと、ヌヴアギック・グリーンストーン帯がある。硬くて粒子が細かいため、急速に冷却されたことがわかる。世界の他の場所にある古い岩石と変わらないと思うかもしれないが、その石に触れるときには、地球誕生後の最初の地質年代――冥王代――を生き延びたことがわかっている岩石が存在する、世界で唯一の場所であることを忘れてはいけない。地球は数億年続いた衝突の後冷えてきた。大気は有毒で、轟音を響かせながら稲妻が絶え間なく走っていた。マグマオーシャンがぐつぐつ煮えたぎる。四四億年前から三八億年前の間に存在したものは、今はほとんど何も残っていない。

オタワ大学のジョナサン・オニールは、初期の地球がどのようなものだったのか、また、どのように大陸が形成されたのかについて常に興味を持っていた。地質学を学んでも満足する答えが得られず、深く調べていくうちに最古の岩石に魅せられてしまった。そして、奇妙なヌヴアギック・グリーンストーン帯に引き寄せられていった。「それらは見た目がまったく普通ではない岩石です。古いということで興味を引かれるという事実とはまったく関係のないところで普通ではないのです。たいていの古い岩石は黒っぽい色なのですが、その岩石の色はまったくもって普通ではありません。明るいベージュ色なのです。こんな石はかつて見たことがありません。私が面白いと思うのは、その化学的構造に形成当時の状況が記録されているということです」。オニールは岩石を持ち帰って、彼がいうところの「拷問」を行った。砕いて粉にしたり、光が通過するくらい薄くスライスしたりして、内側の構造を明らかにしていった。最初のころは、当時知られていた最古の岩石、つまりグリーンランドの三八億年前の岩石と同じようなものだろうと考えていた。だがすぐに、それよりもさらに古いことが判明した。形成後に変化していても、同位体の時計は失われていない。同位体（同じ元素の違うバージョン）は、異なる速度で変化する。たとえばサマリウムやネオジムといった元素を測定すれば、岩石の年代を決定することができる。それらは古いだけではなく奇妙でもあった――浅い海で形成された石だったのだ。「地球は大きな火の玉で、すべてがどろどろに溶けている。それが冥王代に対して抱くイメージでしょう。でも、それは間違っています。今、イメージが大きく変わろうとしているのです」とオニールは言う。

ボン大学の若い研究者ジュディス・コゴンの言葉は、新しい「初期の地球観」に関する現在の心境を非常によく表している。「初期の地球がどのようなものだったのか、ますます明らかになっています。実際、今起こっている中で最も興奮するのは、地球は形成直後に今日の姿と似たものに急速に進化していったという証拠が、次々と見つかっていることです……」。

しかし、ヌヴアギックの岩石はどうやって四〇億年以上も生き延び、地球に飲み込まれずにすんだのだろうか。大陸塊と呼ばれる大陸構造が長持ちする理由は、軽い岩石からできているため、重い岩石の上に浮くからだとかつては考えられていた。その後、そのような構造の下には、熱くてやや可塑性のある岩石を貫く「深い根」があり、それによって何らかの安定が得られていることが発見されたが、実のところ完全には解明されていない。

ジョナサン・オニールは、ヌヴアギックの岩石の横に立つ自分の姿を想像する――現在の岩石の傍らにならば何度も立ってきたが、そうではなく、四四・〇六億年前、形成直後の岩石の傍らに立つのだ。

「これらの岩石は、月と時をほぼ同じくして形成されたか、または、月の形成直後にできたものです。その上に立って空を見上げたら、月面にはきっと火山が見えたでしょう」。

出発が迫る私たちの地底旅行について理解を深める上で、初期の地球の様子を知ることは必要不可欠だ——地球の構造の秘密は、初期の歴史の中に隠されているのだから。冥王代から数十億年たつ間に地表は様変わりしたが、一つの重大な例外を除いて、内部はさほど変化していない。初期の人類は大陸を移動し、文明をおこし、素晴らしい町を築いたが、地球内部のほとんど解明されていない力に翻弄され続けてきた。私たちは地球の誕生を目撃した。さあ今度は、下降を始める前にルートを定めよう。そのためには地震が必要だ。

第6章　深部からのメッセンジャー

一九〇六年四月十八日、州道一号線沿いにある西部きっての賑やかな都市、五〇万人が暮らす全盛期のサンフランシスコの一日の始まりは、いつもと変わらないものだった。だが朝五時十三分、突然平和が乱された。小さな振動が街を襲い、六十五秒間続いて止まった。人々は胸をなでおろした。ああ、これで終わったのだろう。ところが、その十秒後に大きな揺れが来た——今回は二分半も継続した。朝早く外に出ていた男性が後に語ったところによると、「まるで海の波のように」地震が自分に向かってくるのが見えたという。作家キャサリン・ヒュームはこう書いている。「家の下から、遠い地球の振動がとどろいて足に伝わった。壁にひびが入り、脈のように広がって、漆喰の下の細長い薄板まで届いた。広間を逃げ、ガタガタ揺れる絵の脇を通ったが、鹿の角の壁飾りからアラスカの鉱が落ちてきて、私たちは驚いて足を止めた……」。ホテルでは、人々が寝間着のまま上の階からどんどん降りてきた。街は人であふれかえり、「悔い改めよ、神の怒りだ！」と叫ぶ者もいた。

ガスの本管が裂けて、瞬く間にあたりは地獄の猛火に包まれた。地震が発生してから数時間は、外の世界に向けて電報局が惨状を中継できたが、火が迫ると被災地は孤立した。木造の貧民街は最初の揺れで倒壊していた。消防車が消火栓にホースをつないでも水は出なかった。街は壊滅する運命にあった。

歴史を通して、世界中の都市が幾度となく地震によって破壊され、地震で引き起こされた土砂崩れが村を襲い、津波が海岸の村を洗い流してきた。一七五五年のリスボン地震と一九〇六年のサンフランシスコ地震。この二つの地震はどちらも転換点だったといえる。リスボン地震では、地震の原因と考えられてきた神話が退けられ、サンフランシスコ地震の後には、建築規制や緊急時の規制が導入された。リスボンもまた繁栄した都市だった。ヨーロッパで最も貿易量の多い港の一つであり、リスボン商人の富は伝説となっていた。リスボンは何度も地震を経験していたが、記録に残る限りでは一七五五年の地震に匹敵するものはない。

その日は諸聖人の日で、人々は教会に向かっていた。午前九時四十分、「遠く離れた雷鳴にも似た、奇妙な、地底からの恐ろしい音」が響いた。それは三分間続いた。人々は道に飛び出し、神に慈悲を請うた。揺れがおさまり、これで終わったという希望がわいてきた。だが、二度目の揺れが起こった。街は埃に包まれ、叫び声が聞こえた。「海が迫ってくる！」。そして、津波が街を三度飲み込んだ。

火災が起こり、ヴェチェッリオやコレッジョ、ルーベンスの作品が消失した。ドレスを着た女性が恐怖におののきながら逃げ惑うそばでは、貧しい者ががれきや死体をよけながら走り、押し波から逃れようとしたが、行く手にあるものをすべて飲み込む波よりも速く走れる者はいなかった。動物は脱走し、津波がおさまったように見えると、造幣局には略奪者が押し寄せた。小休止、それともこれで地震は終わったのだろうか。神父が死にゆく者の間を回って臨終の秘跡を執り行った。多くの者が罪を告白することなく死んでいった。二時間後に三回目の地震が起こり、なんとか残っていた街の一部にとどめをさし、がれきや火災から逃れようとする人々の望みを粉々に打ち砕いた。

一八〇キロメートル離れたマドリードでも、その当時までの記録で最大の地震が感じられた。北アフリカの被害もリスボンと同じくらい大きかった。スコットランド、ノルウェー、スウェーデン、アメリカでも、異常な潮位変動が観測された。だが、一部の人にとっては、地面の揺れと同じくらい宗教的なショックも大きかった。フランスの王はイースターに秘跡を受けると約束し、愛人と別れることにした。いったい何が原因なのだろう。異教徒を火刑にしたからだろうか。イギリスではジョン・ウェスレーが、ベストセラーの小冊子『最近のリスボン地震からの考察（Serious Thoughts Occasioned by the late Earthquake in Lisbon）』を執筆した。

地震は天の裁きか

一七五五年のリスボン地震は、地球に関する理解の転換点になった。地震が科学的に研究されたのはこれが初めてだった。全容を把握するために観察結果が照合され、精査された。これにより、人々の自然災害に対する見方が変わることとなった。ケンブリッジ大学の地質学の教授だったジョン・ミッチェルは、地震が地球の内部に由来することはまちがいないと宣言した。「地震は地表から何キロメートルも下にある岩石の塊が動くことによって起こる波であり……地震の際の地面の動きは振動によるものと、次々起こる波によって動きが伝播していくものがある」。これに先立つ三年前には、ロンドン王立協会が「地震は人々が罰せられるべきときにだけ起こる」と言ったばかりだった。

全体として見れば、地震による地球のエネルギーの放出量は少ない。私たちの惑星はエネルギッシュな誕生以来ゆっくり冷えてきたが、外側のマントルの岩石によって熱い内部がある程度保温されているため、さほど冷却されていない。内部から地表に約四六テラワットのエネルギーが、一部は核から、そして大半はマントルから届き、放射性元素の崩壊による内部の熱で地球の冷却は弱められている。このエネルギーは地球の内部と表面を動かすのに十分なものの、大気と地表が太陽から受けるエネルギーには遠く及ばない。毎年、私たちの下から来るエネルギーのわずか一パーセント程度が地震という形で放出されているにすぎないが、それでも人間にとっては莫大なエネルギーだ。

世界では毎日、有感地震が五〇回起こり、数日に一度は建物に被害を与えるような強い地震が発生する。年間では九〇万回の地震があると推測されているが、そのほとんどは小さすぎて感じることはない。しかし、被害の大きい地震は毎年平均して二〇回あり、数年に一度は巨大地震が起こる。地震は地球の皮の部分、つまり地殻で起こる。地殻は岩石が冷たくてもろい領域だ。蓄積したひずみや張力が岩石の強度を超えると地震が発生する。地震ほど地球の構造について多くを教えてくれるものはない。衝撃波が起こると、地球を押したり揺らしたりしながら地面を伝わっていき、内部深くに潜り込んで、地底の構造で跳ね返ったり屈折したりする。衝撃波または地震波と呼ばれるものは、深部からのメッセンジャーなのだ。

中国は長年巨大地震に悩まされてきた。一五五六年の大地震では八〇万人の死者が出ており、歴史を通じて大きな地震が繰り返し起こってきた。しかしある時、事態を改善しようと決心し、漢王朝の天文学者が地震を監視する装置を発明した。現在、そのレプリカを北京の中国国家博物館の展示室で見ることができる。その装置は大きな飾り壺で「候風地動儀」と呼ばれている。壺の表面には、頭を下に向けて這う八匹の竜の彫刻が配置され、それぞれの竜の下には、口を上に開けたヒキガエルがいる。これは張衡（ちょうこう）（西暦七八―一三九）が西暦一三二年に発明したとされる装置のレプリカだ。張衡は優秀な数学者で、現代であれば科学者と呼ばれていただろう。中国では、天文現象と同様に、規模の大きな自然現象は天からのお告げであり、王朝や皇帝への裁き、天命の再確認や撤回だと信じられていた。

　張衡の装置は首都、雒陽（らくよう）（現在の河南省洛陽市）に設置されていた。伝承によれば、ある時竜の口から球が落ちたが、振動は感じられなかったため、学者らは怪しんだ。しかし何日もたってから、千キロメートル離れた隴西郡（ろうせい）（現在の甘粛省西部）から地震の報告が届いたという。張衡の地動儀の内部がどのような機構だったのかはよくわかっていない。十九世紀や二十世紀の地震学者は、その振る舞いを再現できる機構についてあれこれ考えてきた。遠く離れた地震によるかすかな揺れによって、振り子がその方向に揺れ、落ちた球の位置から地震の方向がわかったのではないかと考えられている。伝説では、地震が検知された五日後に使者が来て、装置によって示された方角で地震が起こったことが確認されたという。素晴らしい話だが、私は本当だとは思わない。装置は役に立たなかったのではないだろうか。モンゴルに支配されるまで、中国の書物には張衡の地動儀やそれに類似したものに関する記述が見られるが、その後は、あたかも最初から存在していなかったかのように消えてしまった。次に地震計が発明されたのは、一七〇三年のフランスだった。

地震計の完成

ジャン・ド・オトファイユ（一六四七―一七二四）は、素晴らしいアイディアをたくさん持っていたものの、成功するまでやり抜くことができない男だった。水銀を桶の縁まで満たしておけば、地震によって水銀が少しこぼれるはずだと主張した。地震の方角を決めるためには、張衡の装置のヒキガエルのように、八方位に配したくぼみもしくは他の容器でこぼれた水銀を集める。彼はこの装置が地球の揺れに関する理解を深めると信じており、地震を知るためには、装置を使ってたくさん観察することが必要だろうと述べた。残念ながら、お得意の放棄されたアイディアの一つだったのかもしれない。装置が実際に作られたという確たる証拠は存在しない。

そのすぐ後の一七三一年には、イタリアの発明家、ニコラス・チリッロが簡素な振り子を使って、二十年間にわたってナポリで起こった連続地震の研究を行った。イタリア、ベネディクト会の哲学の教師だったアンドレア・ビナ（一七二四―九二）は、細かい砂を敷いたトレーの上で、下部に針がついた振り子を使う案を出した。振り子と地球の相対的な動きを砂に描かせ、「規則的あるいはふらふら揺れている」か、「ガタガタ揺れているあるいは不規則」かを観察する。ビナはこの装置を作ったようだが、装置によって地震が記録されたかどうかは不明だ。

地震、特に遠く離れた地震の検出技術の発展には長い時間がかかり、一八〇〇年代後半になってようやくそれなりに使える地震計が発明された。しかし、単純な観察によっても、めざましい知見が得られた。一七六四年、サー・ウィリアム・ハミルトンは駐ナポリ王国英国全権公使に任命された。広く科学に興味を持っていたハミルトンは、火山の露頭の調査に精を出したり、塩や硫黄のサンプルを本国に送ったりした。彼は一七七六年と七七年にベスビオ山の噴火を目撃し、八三年にはカラブリア州を襲った大地震も経験した。地震は火山によって引き起こされると信じ、「現在の地震は火山活動によって起こるもので、発生源は深いとみられる」と書いている。地震に襲われた地域の被害についてロンドン王立協会に報告し、被害が最大だったのは震源とみられるところではなく、三五キロメートルほど離れたところだったことを指摘している。「私の観察では、その悪の中心と考えられる場所からの距離に概ね比例して、建物の被害および死亡率が段階的に変化しているのが一目瞭然です」。

だが、地震が大好きだったハミルトンは、火山と地震研究への貢献以外のことで歴史に名を残しているのだから気の毒だ。一七八二年に妻と死別した後、一七八三年にイギリスに戻り、ウエールズの領地とスコットランドにある甥の領地を訪ねた。そして、当時甥の愛人だったエマ・ハートとロンドンで出会った。五年後にハミルトンはエマと再婚した。結婚式は一七九一年九月六日にセントマリボン教区教会で静かに執り行われ、二日後、二人はナポリに戻った。エマは登録簿にエイミー・ライオンという名で署名している。エマはハミルトン夫人になったのだが、ネルソン提督が彼らのもとを訪れたときから始まったエマとネルソンの熱愛は有名な話である。

目視による地震被害の観察から多くの知見が得られた一方で、地震を計測して記録する方法の模索も続いていた。十八世紀のイタリアでは、計器の開発と、異常に頻発する局地的な地震活動の時期が重なることがしばしばあった。一七八三年のカラブリア地震は、地震計への関心が高まる原因になった。被災地に住む人々は、液体を満たした桶や絶妙にバランスのとれた物体を感震器として利用した。また、頻発する地震によって、有効性の度合いはさまざまだったが、さらに洗練された計器の発明に拍車がかかった。一七八三年、ナポリの時計製作技師、ドメニコ・サルサーノが発明した「ジオシスモメトロ」は、カラブリア地震の最初の大きな揺れの直後から運用されていたようである。この装置は八・五パリ・フィート［訳注：約二・七メートル］の長さがある普通の振り子だった。振り子には筆が装着されていて、乾きが遅いインクで象牙の板の上に動きが記録される構造になっていた。カラブリア地震には医師のドメニコ・ピグナタロ（一七三五―一八〇二）も興味を示し、地震の強さの分類を試みた。その分類は五段階に分かれていた。弱い、中ぐらい、強い、とても強い、猛烈の五つである。

一八三九年、スコットランドで起こったいくつかの小さな地震の後に、ジェームス・フォーブスは振り子を逆さまにして、金属の球がついた棒を硬いワイヤーで垂直に支える装置を発明した。地球が動いている間、球が静止した状態になる仕組みで、大きな振り子を必要とせずに周期の長い揺れをつかめるといった、いくつかの利点があったようだ。おそらくこれが「地震計」と呼ぶにふさわしい最初の計器だろう。

だが、こうした荒削りな地震計によって計測されたものの正体は何だったのだろうか。ひとりの男が調査に乗りだした。十九世紀の中ごろ、あるアイルランドの技術者が、ダブリンの南のキリニービーチに火薬の入った小さな樽を埋め、長い導火線に火を付けてから安全な距離まで走り、バリケードの後ろに隠れた。火薬が爆発して発生した衝撃波を約八〇〇メートル離れたところに設置した原始的な地震計を使って計測し、波が砂と岩石を通過することを示した。彼は衝撃波の速さはおよそ秒速五〇〇メートルと見積もったが、この数字は大幅にずれていた。何年も後の一八七六年に、ヘンリー・ラーコム・アボットがより現実に近い地震波の速度、花崗岩で秒速六・二四キロメートルという推定値を得た。

近代地震学の誕生

ロバート・マレット（一八一〇―八一）は地震学の父と呼ばれている（あらゆる意味で唯一の地震学の父だ）が、ビクトリア朝時代の不当に忘れ去られた技術の巨人のひとりであり、私の遠縁にあたる。マレットは一八一〇年六月三日に鋳鉄所経営者の息子としてダブリンに生まれた。数学で学位を取得した後は家業を手伝い、父の経営する会社をアイルランドで最も重要なエンジニアリング企業の一つに育て上げ、拡張する鉄道網や初代のファストネットロック灯台［訳注：現在のファストネットロック灯台は一八九〇年代に立て替えられた二代目のものである］、そしてシャノン川にかかる旋回橋などに鉄製部品を提供した。

彼は地震にも興味を持つようになり、一八四六年には、王立アイルランドアカデミーに論文を提出した。『地震の力学（On the Dynamics of Earthquakes）』というこの論文は、今日では近代地震学の基礎の一つと考えられている。実際、マレットには「seismology（地震学）」や「epicenter（震央）」などの用語を作った功績もある。特に地震によって解放されるエネルギーの決定、すなわち火薬を使った実験に興味を持ち、息子のジョンとともに、砂と岩石中の音やエネルギーの進み方を調べる一連の実験を行った。つまり、これがキリニービーチでの爆発実験だった。

一八五七年十二月十六日、イタリアのパドゥーラはナポリ大地震（バシリカ地震）で被害を受け、一万一〇〇〇人の犠牲者をだした。この地震は当時知られている中で史上三番目に大きい地震だった。マレットは自分の手で直接調査することにし、ロンドン王立協会に請願して、パドゥーラ行きの助成金一五〇ポンドを得た。調査結果は『一八五七年ナポリ大地震の報告（Report on the Great Neapolitan Earthquake of 1857）』としてまとめられ、ロンドン王立協会に提出された。その報告書は大作で、地震による被害を記録するために、当時は新しい技術だった写真がふんだんに使用された。一八六二年には、『一八五七年のナポリ大地震：観察地震学の第一原則（Great Neapolitan Earthquake of 1857 : The First Principles of Observational Seismology）』を出版し、地下深部で地震が発生する場所は、約八～九地理マイル［訳注：赤道上の一分の弧の長さで、一地理マイルは一八五五・四メートルに相当する］であると主張した。そして、地震は「地球の地殻の一部を形成する弾性のある物質が、突然曲がったり、圧迫されたり、または力に屈して亀裂が入ったりすること」に起因すると結論づけた。

彼はこう書いている。

観察者が地震に襲われた街の一つにはじめて足を踏み入れるとき、自分が徹底的な混乱の中にいることを知る。「がれきと化した街」に困惑するばかりだ。観察者はばらばらになった石やモルタルの中をあてどもなく歩き回る。家々はあらゆる方角に向かって崩れ落ちたように見える。そこに法則性はなく、家をひっくり返した力の支配的な方向を示すものはない。最初に、破壊された地域の全体像が見える見晴らしのよい場所をいくつか確保すること。そして、破壊が最もひどいところと少ないところを観察し、方位磁針を片手に倒壊を詳細に、家一軒一軒、道一本一本、忍耐強く調査して、細部をすべてにわたって分析し、結果を比較する……すると最後には、見た目の混乱はうわべだけのものであることを、我々ははっきりと知ることになる。

マレットはまた、ヨーロッパ中の図書館で地震に関する情報を集め、それまでに存在していたものよりも総合的なリストを作成した。そして、世界の地震地図を描いてみると、地震は地球の表面全体にランダムに分布しているのではなく、ある地域に密集していたり、線上に並んでいることに気がついた。だが、その理由は不明だった。

科学者について書くとき、私は可能な限りその人物にとって重要な場所を訪れるようにしている。ある春の朝、「華麗なる七大墓地」の一つとされるロンドンのウェスト・ノーウッド・セメタリーを訪れた。そこは記念碑や芝地、地下墓地、納骨堂などがある複合墓地だ。一〇九区画に大きなケルトの十字架がある。ロバートは墓番号一一〇二三に埋葬されている。イギリスでは大きな地震が眠りを妨げることはないが、彼の墓碑には地震について何か言及されているべきではないだろうか。

第7章　テンハムの隕石

一八六九年二月のある夜、テンハム・ステーションの牧場主、M・ハモンドは、クーパーとクヤブラ・クリークの合流点の近くで、兄弟とともに牛を集めながら野営していた。特にこれといった出来事もない一日で、夕食を取った後、オーストラリア、クイーンズランド州の南西部——牛と綿花の土地——の大きな空の下で、夜更けまで酒を飲みながら話をしていた。午前二時ごろ、突然、空に閃光が走り、「猛スピードで走ってくる車のような轟音」が聞こえた。空を見上げた兄弟は、西から東に走る明るい流星雨を目撃した。その直後に隕石が発見され、最大のものは五九キログラムもあった［訳注：一九三六年にハモンドは、落下があったのは一八六九年ではなく一八七九年だったと訂正している。国際隕石学会ではテンハム隕石の落下を一八七九年としている］。

テンハムでの隕石落下の目撃証言を伝える一八八〇年四月二十五日月曜日付けの記事がある。

六時から数分過ぎたころ［……］非常に大きく明るい流星が頭上に現れ、南の方角に落ちていった。流星は六リットルの湯沸かし容器くらいの大きさに見え、光り輝く見事な火の玉だった。その後には光の筋は残らず、私が今までに見た中で最も大きい流星だった。最初に見つけた位置から地面まで三分の一くらい落下したところで、大きな黒い雲に入ったため見失ってしまった。流星が走っていった方向を見ていたら、同じ方向から大きな爆発音がして、周囲数キロメートルの地面がわずかに揺れた。そして、まるで中空に浮かんだ巨大なチューブの中を空気が爆発的にかけぬけるかのような激しい音が聞こえた。その音は二分近く続いてからおさまった。翌朝、ジャンダーの町に行くと、何が爆発したのか全員が知りたがっていた。そして、私たちが至った唯一の結論は、流星が地面にぶつかって爆発したにちがいないということだけで、その後の轟音を説明することはできなかった。アボリジニーの警察のシャープ警部は、爆発が起こったときに家がガタガタ揺れ、何が起こったのかをたしかめるために外に飛び出すと、すべての隊員が恐怖の表情を浮かべながら宿舎に逃げ込んでいくのが見えたという。私が知ったことから言えるのは、ジャンダーで流星の通過を目撃した白人は私ひとりだけだったということだ。私の考えでは、流星はギャルウェイ・ダウンズの数マイル上、バークー川の近くで地面に激突したはずだ。そうでなければ、爆発したときに地面の揺れを感じることはなかっただろう。

数年後、アボリジニーがテンハム隕石を「非常に恐れている」ことが報告されている。「彼らはカンガルーグラスやねじったアカシアの樹皮と土で隕石を覆い、大枝をその上に置いて茂みに隠している。なぜそうするのかというと、太陽に見つかったら、もっと石が降ってきて殺されると考えているからだ」。こういう報告があるということは、アボリジニーは落下を目撃したのだろう。はじめのころにテンハム隕石に何があったのかを伝える情報はほとんどないが、ある筋によると、T・C・ウォラストンというオパールの業者が隕石を集め、その起源と入手した経緯をでっちあげて大英博物館に売ったという。というわけで、みなさんはその隕石を見ることができる。テンハム隕石は中央ホールの売店のすぐ上、グリーンゾーンの二階の鉱物ギャラリーに展示されている。このドラマチックな落下を目撃した人々には、テンハム隕石の内側に秘密が隠されていることなど知るよしもなかった。隠されていたのは地球の内側に関する秘密——それは百年間もずっと隠されたままだった。

第8章　広がる地震観測網

「すべては時系列の問題だ」

マルセル・プルースト『失われた時を求めて』

さて、地震計の発展は続く。ゆっくりではあるが着実に改良され、実用的と呼べる地震計ができてきた。一八五六年、ルイージ・パルミエリは自身が発明した「シスモグラフォ・エレクトロマグネティコ（電磁地震計）」をベスビオ山の火山観測所に設置した。この装置は渦巻きばねの上に円錐形の重りが配置されたもので、地震の方向、強さ、継続時間が得られるように設計されており、水平と垂直、両方の動きに反応することが可能だった。その円錐は水銀が満たされた桶の上につるされていた。かすかな揺れで円錐の先が水銀に触れると、電気回路が完成して時計の一つが止まり、発生時刻がわかる。さらに、水銀を満たしたU字管を使って、水平の動きを検知する。電気回路が閉じられると記録紙が動きだし、記録面に鉛筆が押しつけられる。記録は紙がなくなるまで続く。

パルミエリの「電磁地震計」は荒削りなものに感じるが、当時では画期的な地震感知器だった。ベスビオ山で何年間も運用され、無数の地震が計測された。だが、遠く離れた地震については問題があった。近くのナポリで感じられた多くの地震を検知することができなかったのだ。面白いことにパルミエリは、ベスビオ山の噴火前には「揺れがさらに頻繁になる。よりよく表現するなら、それぞれ異なる段階に分かれて継続的に地面が震動する」ことを観察している。

一八八九年に飛躍的な進歩があった。エルンスト・ルートヴィヒ・オーガスト・フォン・レボイル・パシュウィッツ（一八六一―九五）によって、遠方の地震が初めて記録されたのだ。彼は素晴らしい地震学者で、結核で短命に終わらなければ多くの仕事を成し遂げたにちがいない。プロイセンの都市ポツダムで地震波の記録が行われたが、離れた日本の地震を記録することに成功した。この出来事は科学界を震撼させた。レボイル・パシュウィッツの装置は水平の振り子を写真で記録する仕組みだった。科学雑誌『ネイチャー』の一八八九年四月十八日号には以下のような記述がある。

『ネイチャー』四〇巻の二九四ページに掲載されたフォン・レボイル・パシュウィッツ博士の手紙は、日本にいる我々にとって特に興味深いものであり、四月十八日にこちらで振動が検知および記録された非常に特異な地震が、異常なマグニチュードの擾乱（じょうらん）の結果であったことを推測し、支持するものである。問題となっているその日、ちょうど地震が発生したときに、私が地震実験所の関谷教授との会話に熱中している最中であったことは非常に幸運だった。我々はすぐさま自動記録式の計器が設置されている部屋に飛んでいった。そして、我々の経験上はじめて、回転板とシリンダーの上に針が波状の線を描くのを見るという喜びを得た。最初は針がまるで狂ったかのようになり、これまで東京で記録された一番大きな振幅よりも五倍か六倍の振幅の曲線を描いた。体感としてはたいして揺れず、実際、我々の注意を引いた最初のかすかな振動の後は、地震計の針の不規則な振動が地震波が通過しているという十分な証拠であるにもかかわらず、まったく何も感じられなかった。東京では一握りの人しか地震に気がついておらず、翌日に新聞で知る者が多かった。したがって、その動きは、たとえ大きなものであっても、地震につきものの普通の体感を起こすにはあまりにも遅かったということであり、それが示唆するのは、発生場所が遠く、そして大きな擾乱であり、その結果地震の影響が広範囲だったということである。ポツダムとヴィルヘルムスハーフェンで記録されたかすかな揺れを除けば、今までのところ、そのように広範囲に及ぶ作用の証拠は存在していない。

この出来事が地震学の本当の夜明けとなった。たった数年後には、四〇の観測所からなるネットワークが構築され、世界的な地震監視が開始された。これによって新しい種類の科学者、「地震コレクター」が現れることになった。

地震コレクター、ミルン

一番の「地震コレクター」と呼ぶにふさわしいであろう人物は、私のところからそう離れていない場所に住んでいた。とうの昔に取り壊された家の痕跡を訪ねてワイト島に行ったとき、世話をされていない桜の木を見かけて、私は不思議に思った。この島に桜は自生していないのだから、植えられたものにちがいない。百年もたたぬ間に、ニューポートの少し外側に立っていた「シャイドヒル・ハウス」の面影はほとんど消えていた。現在その場所には家がひしめきあっているが、屋敷の離れだった建物はいくつか残っている。守衛詰め所もまだ存在し、セント・ジョージズ・レーンの行き止まりに寂しくみじめに立っている。今からは想像もつかないが、かつてこの場所は地震研究の世界的な中心地だった。近くや遠くで記録された大小の振動の詳細が、電報や手紙で毎日のように届けられた。優れた科学者や高官、名士などが世界の地震センターを見に集まり、「地震の」ミルンとそのエキゾチックな日本人妻とお茶を楽しんだ。そうか、だから庭だった場所に桜の木が生えているのか。近くの野原に小さな記念碑がある。碑文にはこう書かれている。「地震学の父、ジョン・ミルン」。地震学は地球内部を解明する主要な方法になった。地球内部の様子は、これまで見てきたような装置――地球が震動すると振り子が揺れて、目に見える形で地面の震動のトレースが得られる装置――を使った地震の研究から明らかになってきた。装置によって得られた震動を解釈することで、地球の基本的な構造を知ることができるようになった。だが、分析を行うためには、まずはデータの収集が必要だった。

シャイドヒル・ハウスに住みながら長年研究を続けたジョン・ミルン教授は、水平振子地震計の発明者のひとりで、二十年間東京で過ごし、世界初の地震研究所を設立した。だが、日本では功績がたたえられているが、祖国ではほとんど忘れ去られている。一八六八年、明治維新の直後、日本の新しい政府は、西洋との交易を再開するために灯台の建設計画を開始した。政府はこの事業のためにスコットランド人の技術者、リチャード・ヘンリー・ブラントンを雇用した。ブラントンはすぐに、灯台の設計は地震に耐えられるものでなければならないことに気がついた。彼は政府に対して、イギリス人の科学者を雇って、地震の原因に関する最新の知見を導入すべきであると強く訴えた。そして、ジョン・ミルン、ジェームズ・ユーイング、トマス・グレイの手によって、現代の地震計に進化していく計器のプロトタイプが開発された。東京帝国大学工学部の仕事を受けるために陸路で旅したミルンの物語はあまり知られていないが、汽車、モンゴルのラクダ、徒歩——それはまるでハリウッドの虚飾をそぎ落としたインディー・ジョーンズさながらの旅路だった。

一八七九年に研究を開始したミルンは、日本で地震が起こるときには、発生前に検出可能なノイズが現れる、つまり、地震の原因となる歪んだ岩石が破壊され始めるに従って、先にノイズが発生することを期待していた。その数年前にイタリアの地震学者、ミケーレ・ステファノ・デ・ロッシが、地震の際、「火山の割れ目」が素早く上下に動くことによって波が発生すると提唱していた。一年後、横浜で起きた大きな地震を契機に、ミルンの強い説得によって日本地震学会が創立された。それは地震学に専念する初めての学会で、その後、日本における地震学は急速な発展期に入った。一八九一年十月二十八日の美濃・尾張地震（濃尾地震）は日本の陸域を襲った地震としては観測史上最大で、大規模な断層が出現し、ミルンは断層によって地震が起こると確信した。地殻がゆっくり変形することで岩石に蓄積されたひずみエネルギーが断層（岩石が互いに滑ること）で解放されるのである。

ミルンの新しい地震計によって、ついに地震波の挙動と波の伝わり方を見ることができるようになった。波の形状は、さまざまな種類の衝撃波の到達に関係するもので、地球の内部構造の鍵を握っていた。ミルンの同僚のひとりは、同じ月に記録された四つの小さな地震の報告書に地震波を「解剖」して詳しく書いている。「擾乱の始まりと終わりは非常に段階的。完全な振幅が何度か起こるのを待たずに最大の動きが起こる観察結果はなし。動きの不規則性。続いて起こる波動は大きさにおいても時間周期においても大きく異なる。一つの地震に無数の震動があり、衝撃には連続した特徴がある。地表の動きは非常に小さい」。初めて地震の動きを描写してみると、それ以前に考えられていたよりも揺れにはさまざまな種類があることがわかった。広く受け入れられていたロバート・マレットの説――地震は主にエネルギーの一つのパルスからなる――は正しくないということが示された。

退室時刻と地震計

ミルンの地震計は素晴らしいものだった。記録を写真で残す機構だった。振り子の枠に鏡を設置して光を印画紙に反射させるかわりに、直交する二つのスリットの交点を通過した光が印画紙に当たるようになっていた。スリットの一つを動かない支柱に取り付け、もう片方を振り子に固定して振り子とともに動くようにする。それによって、光の点が印画紙の上で動き、通過する振動が記録される仕組みになっていた。

地震がどこで起こっても監視でき、放射される波を研究するためには、より多くの地震観測所が必要だとミルンは感じていた。そして、標準化された計器を使った地球規模の地震観測網の構築を強く求めた。だが、それを提唱したのは彼が初めてではなかった。レボイル・パシュウィッツが、一八九五年にロンドンで開催された第六回国際地理学会議で同様の提案を行っていた。ミルンはその案を支持していたものの、数カ月後にレボイル・パシュウィッツが死去し、後に国際地理学会議で協議されたときには、国際的な事務所をヨーロッパに置くという提案が出されたが、ミルンはそれを退けた。彼のシャイドヒル・ハウスの研究に挑戦状をたたきつけられたと感じたのだろう。すぐに対立が起こって党争に発展し、第一次世界大戦後のヨーロッパ分裂を予言する、科学界版の前触れとなった。

当然ながらミルンの地震計は、イギリス科学振興協会によって標準計器に選ばれた。一九〇〇年までには、人が居住するすべての大陸にミルンのものに似た地震計が設置された。彼は南極にも基地を作ることの重要性を認識しており、一九〇二年には英国南極探検（一九〇一〜一九〇四年）の一環として、一台のミルン式地震計がロス海の海岸の近く、南緯七七度で運用された。数カ月の運用期間中に一〇〇以上の揺れが記録された。

当初、ミルンのもとには一六の基地から定期的に記録が届けられた。彼はさっそく分析に取りかかった。ミルン式地震計のデータに加えてドイツとイタリアの観測所から発表されたデータを用い、震央がわかっている地震の走時曲線を描いた。最初の曲線一八八八は、地表の近くを伝わる地震波の通過に要する時間しかわからないものだったが、改良を重ね、その一年後には、地球を通り抜ける波の形の詳細を明らかにした。

ミルンはただの科学者ではなかった。彼は探検家であり、目の肥えた博物学者、地質学者、鉱山技師でもあった。彼はゴルフや音楽を楽しみ、文学、写真をたしなんだ。教科書や地震学に関する多くの論文の他にも科学的知識に基づいた何冊かの小説、そしてベストセラーとなったユーモアたっぷりの旅行記も一冊執筆している。ニューポートゴルフクラブにはゴルファーとしての彼の写真が飾ってあり、彼の名前を冠したトロフィーもある。あらゆる社会の層と交わる才能があったといわれ、地元民にはこう描写されている。「もう六十年も前なのに、まるで昨日のことのように覚えています。筋肉質の小さな年配の紳士が、彼の家の後ろにあるゴルフコースに立っている姿が今でも目に浮かぶようです。つばの広い帽子をかぶって、ちょっと前屈みになり、谷の向こう側の家々を指さして、人々の動きを説明しながら、自分で考えたジョークで僕らを笑わせてくれました。彼はいつもランカスターなまりで静かに話すので、少年だった僕らはみな夢中になりました。ニコチンで汚れた濃い口ひげの間の、タバコの吸い過ぎで燃えた隙間も僕らの目を引きました」。地震計を見れば、外に荷車を止めて、車の持ち主がバーリリー・モウという酒場で飲んでいる時間を計算できる、とミルンはよく冗談を言った。そしてある日、地震計に連続的な巨大な揺れが現れて興奮したが、原因を特定できずに困ってしまった。一週間後の同じ時刻に、またあの揺れが現れた。ついにミルンは、その地震記録がでるのは、執事と家政婦が同時に勤務を外れるときだと推測するに至った。

ミルンの地震計を使って世界中で記録された衝撃波のトレース［訳注：トレースとは地面の動きを一つの地震計で測定して記録した曲線のこと］、つまり、地震発生時に異なる地点で記録された複数のトレースは科学的な宝であり、地球の内側に何があるのかを解き明かす鍵となった。一八九九年にリチャード・ディクソン・オールダムが発表した地震波の徹底的な研究によって、地球内部の理解は飛躍的に深まった。

三種の波

オールダム（一八五八―一九三六）は広く認められるべきなのにあまり知られていない科学者のひとりである。オールダムはダブリン大学トリニティ・カレッジの地質学教授を父に持ち、幼少のころから岩石に親しんできた。ラグビー校と王立鉱山学校で教育を受け、一八七九年にインド地質調査所のスタッフになった。彼の業績としては、一八九七年のアッサム大地震の研究が最も有名だろう。その研究は長い間、一つの地震に関する最も包括的な記録と評価されていた。しかし、彼はそれだけで終わらなかった。地震そのものの調査にとどまらず、世界の観測所でどのように検知されたのかも研究した。つまり、さまざまな観測所で記録されたトレースを調べ、震央からの距離が異なる記録を比較した。そして、約六九〇〇～七九〇〇キロメートルの間の記録に、はっきり異なる三つの小刻みな動きがあることに気がついた。彼は三種類の波を識別した。最初の二つは圧縮波（P波）と少し遅れてやってくる横揺れの波（S波）――現在は実体波と呼ばれる――で、三番目の波は地球の表面を移動してきた表面波によるものだと考えた。

だが、現在ではその解釈が正しいことがわかっているものの、当時入手できたデータの質に問題があり、完全に証明することはできなかった。その十年後、オールダムはミルンが収集したデータを使ってより多くの観測結果を集めて分析し、一九〇六年に地球観を根本から変える論文を発表した。

地球が何らかの形で層状になっていることはよく知られていた。その二百年前にはアイザック・ニュートンによって地球の平均密度が推定され、地表の岩石の約二倍であることが判明していた。密度が高くて異なる物質から地底ができていることは明らかだった。オールダムは、S波（横揺れの波）が液体の中を進めず、違う速さで伝わるという知識をもとに、P波とS波が地球を伝わる経路を使って地球内部を観測し、そのモデルを発表した。どの地震においても、S波が届かない場所が必ず世界のどこかに存在することを彼は見抜いた。S波が通過できないのは、内部に液体鉄の核があるからだというのが彼の解釈だった。すべての地震では、液体の核によってS波の陰（シャドー）ができる。この説を受け入れない者もいたが、後に地球物理学者で地震学者のサー・ハロルド・ジェフリーズ（一八九一―一九八九）が、地球の核はまちがいなく液体の挙動をしており、そのためS波または横波が通過できないことを証明した。

運用中の最古の地震計、百年以上前に作られ、いまだに完璧に動いている計器を、ゲオルク・アウグスト大学ゲッティンゲンで見ることができる。この地震計は世界で二番目の地球物理学教授、エミール・ヴィーヘルト（一八六一―一九二八）が製作したものだ。ちなみに世界初の地球物理学者はポーランド、クラクフのヤギェウォ大学のマウリアイ・ピウス・ルツキーである。ヴィーヘルトは一八九八年に、地球には固体の核があると主張した。彼はゲッティンゲンのハインベルクの丘の中腹に建てられた実験室に地震計を作って研究を行った。近年では、教授といえば、研究者やアシスタントや補助スタッフを大勢従えているものだ。だが、ヴィーヘルトの時代はそうではなかった。彼の部門には、彼自身とひとりのアシスタント、そして掃除係がひとりいるだけだった。現在、貝殻石灰岩の岩盤の上に敷かれたコンクリートの床を持つ「古い地震の保管庫」が一般公開されており、一七トンの振り子と水平動地震計が実際に動くさまを見ることができる。今でも、煤（すす）をかけた記録用紙の上に地震波トレースが描かれている。一九一〇年に発表されたヴィーヘルトの論文には、震源から離れれば離れるほど地球を深く貫いた地震波が検出される、と述べられている。

一九〇八年、ゲッティンゲンでは、ヴィーヘルトの生徒で、後に現代地球物理学の祖のひとりとなるルドガー・ミントロープが、大きな人工地震を起こす方法を世界で初めて編みだし、さらに、持ち運べる地震計の開発も行って一財産築いた。彼は一四メートルの高さに持ち上げた四トンの鋼球を落下させることで人工地震を起こした。後に、鋼球の代わりにダイナマイトを使用し、持ち運び可能な地震計をずらりと並べて、少し下の岩石の三次元画像を作った。言うまでもなくこの技術は、石油や石炭の探査に大変有益なものだった。もしみなさんがゲッティンゲン大学を訪れることがあれば、実際に動いているヴィーヘルトの素晴らしい地震計を見学し、天候が許せば、毎月第一日曜日にはミントロープの鋼球の落下も見ることができるだろう。

地殻に限れば、地震記象から地下の浅い部分に関する多くの情報が得られるのは明らかだった。アンドリア・モホロビチッチ（一八五七―一九三六）は鍛冶屋の息子で、五十二歳になってから教師になった。彼はクロアチアの首都ザグレブ近郊で発生した地震を経験した。その地域に設置されていた複数の地震計の記録を見たとき、衝撃波のいくつかが、地殻とマントルの境界領域で反射して地表に戻ってきていることに気がついた。モホロビチッチは一九〇九年に、海底では五～一〇キロメートル、大陸では二〇～九〇キロメートル下にその境界領域があると発表した。現在、その領域はモホロビチッチ不連続面、略してモホ面と呼ばれており、科学者はモホ面まで掘削してマントルにたどり着くことを夢見ている。

初期の地震学では、震源の深さの決定に力が注がれていた。地表の岩石に断層という証拠が見られ、被害が比較的狭い範囲に限られている地震があることから、震源はかなり浅いはずだという主張があった。しかし、深部で起こる地震もあるという指摘もあった。一九一三年、G・E・ピルグリムが一〇個の地震の深さを調べると、その中の一つ、一九〇六年のサンフランシスコ地震の震源は、深さ一四〇キロメートルであったことがわかった。

深発地震はあるか

一九二二年、オックスフォード大学の天文学者で、ワイト島の「地震の」ミルンの常連であり、後に地震学に転向したハーバート・ホール・ターナー（一八六一―一九三〇）が、他の多数の地震よりもはるかに震源が深い新しいタイプの地震を発見したが、データが不十分だとして多くの学者が反論した。ちなみにターナーは、天文学の距離の単位「パーセク」という用語を作ったといわれている。また、当時九番目の惑星と考えられていた星を「Pluto（プルート、冥王星）」と命名してはどうかという十一歳のオックスフォード居住者の提案を、ローウェル天文台にいる惑星の発見者たちに送った人物でもある。一九二八年には日本の地震学者、和達清夫（わだちきよお）（一九〇二―九五）が、深発地震の分布は分かれており、約四〇〇キロメートルと五四〇キロメートルにピークがあることを示した――これは今日では、マントルに沈み込む岩石の変化が原因だとわかっている。和達が発見したのは「和達‐ベニオフ帯」と呼ばれるもので、海溝に沿って中間的な地震と深発地震が起こる領域であり、プレートテクトニクス仮説の基礎となるものだった。和達清夫は大きな影響を与えたのに真価を認められていない地震学者のひとりだろう――彼の研究に刺激されてマントルに関する理解が大きく変わったと言っても過言ではないというのに。

しかし、まだ深発地震の存在に懐疑的な科学者もいた。地震波の到着を分析する際にはタイミングエラーが一分か二分あるため、結果的に深度の不確実性が大きくなるというのだ。よりたしかな証拠は一九三一年にロバート・スタンレーとフレッド・スクレースによって得られた。いくつかの地震の波は、他の地震よりも一〇倍以上深いところで発生しているようだった。だが原因は不明だった。

それから数年で地殻の区分が続々と見つかったが、モホ面よりも顕著なものはなかった。一九二四年、ベノー・グーテンベルク（一八八九―一九六〇）は大陸地殻と海洋地殻の下を通過する地震波を調べ、その二つに著しいちがいがあることを発見した。地殻が薄い海底で特に顕著だった。一九二九年にサー・ハロルド・ジェフリーズが著書『地球（The Earth）』の中で、当時知られていた地殻の構造を詳しく解説した。三層に分かれており、大陸の下は花崗岩とガラス質の玄武岩、そしてダナイトと呼ばれる岩石から構成されていると唱えた。海の下に関しては「まだ徹底的に研究されていない」という結論だった。だがグーテンベルクは、その説は単純すぎるとし、モホ面の上にある層で反射したとみられる地震波が存在することを指摘して、地殻の構造はもっと複雑だと主張した。

グーテンベルクはおそらくヨーロッパ随一の地震学者だったにもかかわらず、科学で生計を立てることができず、平日は父親の石鹸工場を経営して、週末に研究を行わざるを得なかった。彼がヴィーヘルトの後継者であるのは衆目の一致するところだったが、職を得ることができなかったのだ。それは彼がユダヤ人で、ドイツで反ユダヤ主義が台頭していたせいだろう。アルバート・アインシュタインと同様に、グーテンベルクは一九三三年にドイツを脱出し、カリフォルニア工科大学で誉れ高い職を得た。彼はそこで地震を初めて体験した。言い伝えによると、アインシュタインと一緒にカリフォルニア工科大学のキャンパスを歩いているときに、大きな被害をもたらした一九三三年のロングビーチ地震が起こったが、二人は会話に熱中するあまり、地面が揺れていることに気がつかなかったという。グーテンベルクは母親から音楽の才能を受け継いでいた。カリフォルニアの彼の家では、アインシュタインがよく室内楽のバイオリンを担当した。実際、グーテンベルクにはドイツで出版されたピアノの楽譜の印税がしばしば入ってきたという。

第9章　ウェゲナーの大陸移動説

　二十世紀に入ると、地殻の秘密が徐々にわかってきた。一九三一年五月、悪天候の中、ドイツの探検隊がグリーンランドの氷河で、あるものを捜索していた。彼らが探していたのは遺体だった。その六カ月前、長い極夜が始まる前に、調査隊のリーダーであり今回の捜索隊のリーダーの弟に当たる人物が、彼らがエイスミターまたは「氷の真ん中」と呼ぶグリーンランド中央に位置するキャンプに戻って来なかった。リーダーとその同伴者らが何とか越冬する方法を見つけていてほしいと捜索隊は願っていた——食料が長く持つはずがないことを重々承知の上で。一九〇キロメートルの捜索の後、雪に垂直にささった一組のスキー板が発見されたが、他には何も見当たらなかった。そこに遺体はなかった。苦労の末にたどり着いたエイスミターで生存者がひとり見つかった。話を聞くと、リーダーは同伴者と二人でベースキャンプに向けて六カ月前に出発したという。

　遺体は五月二十一日に発見された。スキーの下に丁寧に埋葬されていたのだ。しっかりと服を着込み、トナカイの毛皮の上に横たわっていた。目は開いたままで、後に捜索隊が語ったところでは、表情は穏やかだったという。死因は疲労から起こった心臓発作とみられる。グリーンランド人の同伴者が敬意を払って埋葬してくれたようだ。同伴者はそこからひとりで出発し、二度と姿を見せることはなかった。どこか離れた氷河の上で倒れ、埋葬されないまま横たわっているのだろう。

　捜索隊は遺体をそのまま安置して、氷のブロックで墓を作った。その後、その場所を示す大きな鉄の十字架が立てられた。その場を去る前に、クルト・ウェゲナーは弟アルフレッドに別れを告げ、科学的観察を続けることを誓った。ドイツ政府は遺体を戻して国葬を行おうとしたが、夫の北極圏への情熱をよく知る妻のエルサが断り、同伴者が埋葬した場所にそのまま安置されることになった。だが彼はもうそこにはいないだろう――今は氷河の一部となって、一〇〇メートル下に埋まっているにちがいない。

　アルフレッド・ウェゲナーはたった五十歳という若さでこの世を去ったが、素晴らしいアイディアを残していった。その一つは地球観を一変させるもので、当時の人々にとってはまったくの間違いとしか思えないものだったが、今では当たり前すぎて、なぜ疑うことなどできたのだろうかと不思議に思うほどだ。その説が受け入れられるのを彼は目にすることはなかったが、死後二十五年たって、ついにその説が認められると、地球とその内部に対する私たちの見方はがらりと変わった。近い将来、彼の亡骸は、ゆっくり進む長い氷河の旅の末に海に放出されるだろう。ウェゲナーの素晴らしい説は、氷ではなく大陸のゆっくりとした動きに関わるものだった。

　一九一一年、ウェゲナーは大陸が地球上を移動するという説をたてた。なんといっても、アフリカの輪郭は南アメリカの輪郭にぴったり合うように見える。このことに初めて気がついたのはアブラハム・オルテリウス（一五二七―九八）だった。世界地図はその時代になって初めて手に入るようになり、実際、初の現代的な世界地図「世界の舞台（Theatrum Orbis Terrarum）」の制作者はオルテリウスだとされている。彼の考えは、「アメリカは『地震と洪水によって……ヨーロッパとアフリカから引き離された』」とするもので、さらに「世界地図を広げて、この三つ［の大陸］の海岸線をよく調べれば、分裂の痕跡は明らかだ」と述べたといわれている。

俗説とは異なり、ウェゲナーは大西洋の両側の大陸の海岸線を合わせたのではなく、大陸棚の輪郭を合わせることによってよりよい一致を得た。そして、一九一二年に大陸移動説を発表した。大陸を動かす原動力については、遠心力または地軸のふらつきではないかと主張した。だが、それらの力は、大陸を動かすのに適していないことが簡単に証明できるものだった。ウェゲナーはさらに、海底が拡大する領域があると主張してこう書いている。「大西洋の海底に存在する大西洋中央海嶺は拡大し続け、常に海底が割れて開いているため、比較的可塑性のある熱いシマ［訳注：シマとは地殻の下部を指す用語。地表まで上がってくると玄武岩になる。現在、この用語はあまり使用されない］が深部から上ってくる空間がある」。今では正しい説明だとわかっているのだが、残念なことに、彼はこの説を推し進めなかった。

ウェゲナーは大陸移動説を論証する素晴らしい本を書いたが、メカニズムが不適切だったため、真剣に受け止める人は少なかった。彼の死後二十年以上たって初めて、新しいデータによって大陸移動説の正しさが裏付けられた。

一九五六年、イギリス人の地質学者、ケイス・ランコーンとオーストラリア人のワーレン・キャリー、カナダ人のテッド・アーヴィングが、ウェゲナーの説を支持する初めての証拠を提示した。岩石の磁気を測定する新しい方法と、岩石の磁気と地球磁場との関係性を調べる方法が開発された。年代の異なる岩石は磁場の方向が異なる。そうなるのは地球の極が動くからだと信じる科学者もいれば、その可能性はないと考える者もいた。代わりになる説明は、極がふらふらと動くのではなく、動くのは大陸のほうだというものだった。数年後、中央海嶺のデータと大陸移動説が固く結びついた。海嶺の両側に対称的な磁気の縞模様が見られ、それらは中央海嶺で新しく形成された岩石が、左右に分かれて離れていくときの地球磁場の変化に起因する可能性をデータは示していた。

第10章　コラ半島超深度掘削坑プロジェクト

　当時七十代だった主任地質学者のイワノヴィッチ・ウラジーミル・フミリンスキーは、十年以上ほぼ毎日のように、ロシア北部のツンドラを横切り、世界で最も重要な科学実験場の一つに向かって寂しいドライブをした。ほとんどいつも、そこには彼しかいなかった。うち捨てられた建物の間を歩き、北極圏の冬を越すごとに崩れていく、避けられない崩壊を監視した。もうすでに廃墟のようになっている。多くの道具が錆び付いたまま放置され、まともに記録されていないコアがたくさん地面に転がっていた。ときどき坑口に立ち寄って、全盛期を振り返った。一九八三年十二月二十七日のことは、まるで昨日のように覚えている。その日、掘削が一万二〇〇〇メートルの深さに到達した。彼らはさらに深く掘れると信じていた。だが、それは間違いだった。結局、彼も「巡礼」に行くことができなくなった。三年前に実験場は解体され、設備も撤去された。維持する資金がなかったのだ。コア試料は研究用にモスクワ近郊の機関に移された。残されたのはがれきの山。そして、地面に板が溶接されて、穴がふさがれているだけだった。

　そこには記念碑も立っていない。二十五年の月日を費やし、掘削工や技術者、地質学者、アシスタントなど、四〇〇人を超える人々が関わった二十世紀で最も重要な科学プロジェクトの一つがそこで行われていたことを示すものは何もない。かつてソ連版「月探査ロケットの打ち上げ」とも称された大計画を記念するものは何一つないのだ。フミリンスキーをはじめ、多くの人々が悲しみにくれた。この計画は「コラ半島超深度掘削坑」と呼ばれ、地殻を掘削してマントルに到達することを目標にしていた。だが、大深度掘削に挑戦したのも失敗したのも、彼らが初めてではなかった。

一九五〇年代後半から一九六〇年代初頭、アメリカ国立科学財団（主要な科学プロジェクトを選考して資金を出す団体）はモホール計画という、地殻を掘削してモホロビチッチ不連続面到達を目指すプロジェクトに資金を提供した。主にプレートテクトニクスの草分け的研究者ハリー・ヘスとウォルター・ムンクによって立案されたもので、二人は歴史的な大プロジェクトに関わることに意欲的だった。一九五七年のある朝、カリフォルニア州ラホヤにあるムンクの自宅で、朝食を食べながら企画が出された。それは野心的なプロジェクトだった。石油会社も試そうとは思わない深海掘削であり、海底の掘削時にどうやって船を固定するかという技術的な問題でさえ、これまで真剣に考えられていなかった。一九六一年、メキシコの西海岸から二五〇キロメートル離れたグアダルーペ島の沖に五つの試掘坑が掘削された。そこが選ばれたのは、理論上、その海域の地殻が薄いからだった。ドリルビットを水中三八〇〇メートルまで下ろし、堆積物を一七〇メートル掘り進み、数メートルの玄武岩を回収した。小説家でありアマチュア海洋学者のジョン・スタインベックが掘削船に乗りこんで、雑誌『ライフ』（一九六一年四月十四日号）に記事を寄せている。だが、コストの上昇と運営の不手際により、計画は数年で頓挫した。

その数年後、後期ソ連の科学者たちは、おそらくアメリカの月面着陸にひどい精神的苦痛を受けていたのだろう、この科学的目標がまだ達成されていないと考え、ソ連の下の地殻の性質究明を目指す、連続した超深度掘削計画を立ち上げた。プロジェクトの責任者アクタン・イブラギモフは、ソ連中、つまりウクライナ、北極圏、ウラル山脈、太平洋の千島列島、カスピ海の近くのサアトルに五つの穴を掘削し、それらの地域でのマントルまでの推定深度、地下一五キロメートルまで掘り進む計画を発表した。イブラギモフは、七キロメートル掘っただけでもマントルにたどり着けるかもしれないと考えていた。コラ半島の超深度掘削坑でも予備的な研究が行われた。コラ半島で掘削が開始されたのは一九七〇年五月二十四日のことだった。

計画の終焉と再開

世界で最も深い穴が開いているその場所へ行くには、地球上で一番気の滅入るような、最も汚染された土地を旅しなければならない。その場所はロシアの北極圏、ノルウェーとの国境沿いにある。北極圏のノルウェー側は自然のままで素晴らしく、春は特に美しい。鮮やかな色合いに塗られた木造の家々が、海に注ぐ川沿いにぽつりぽつりと立っている。道の状態もよく、あたりには静かな北欧らしい秩序感覚が漂っている。だが、いったん国境を越えると話は別だ。

一九二〇年代、この地域が初めて地質学的に調査されたとき、ニッケルを含む岩石が存在する証拠が見つかり、スターリン時代の工業化に必要不可欠なものとなった。数年もしないうちに労働者が強制的に送り込まれ、ムルマンスクの重要な海軍基地からそう離れていない内陸に位置する、汚くて危険な鉱山での労働を強いられた。一九四六年、ソ連軍によってこの地域が取り戻されると、露天掘りの鉱山や製錬所の数が増加した。当時も今も、製錬の副産物として発生する有害な化学物質で空気が汚染され、健康被害を引き起こし、植物を枯らしている。気味の悪い団地が、品物のあまりない店のまわりに群れるように立っている。やつれた労働者が外に出ないように、軍の検問所が取り囲んでいる。西側の人間の立ち入りは禁止されていた。

近ごろはノルウェーからパスポートを持たずに車で行くことができる。欧州横断自動車道E一〇五号線の一部になっており、もう軍の検問所は存在しない。だが、汚染はなかなか取り除くことはできない。ペチェンガの軍の村落を過ぎて、南西の村落に進む。そこは二つの地区に分かれており、一つはザポリャルニ、もう一つはニケリと呼ばれる。二〇〇八年には、ニッケル製錬所からおよそ一〇万トンの二酸化硫黄が排出されたが、その量は隣国ノルウェー全体の排出量の五倍に相当する。ニケリは地球上で最も汚染された町かもしれない。製錬過程で発生する二酸化硫黄は、煙突から出ているのではなく、壁からしみ出しているようだ。ゴムと硫黄を燃やしたような悪臭が一帯に充満している。

最後に不毛な低木のツンドラを通り、崩れかけた道を数キロメートル進む。地殻を掘削するこの試みでは、ドリルの先端が地温二〇〇℃に遭遇するという克服できない技術的な問題が発生し、一九九二年に放棄されるまでに、一二キロメートル強を掘り進んだ。科学者は、大陸地殻の三分の一までしか到達できなかったと考えている。SG3と呼ばれる最も深い掘削坑では、下部原生界ペチェンガ層の堆積岩と火山岩のシーケンスを六八四二メートル掘削し終えて、さらに始生界の花崗岩と変成岩の複合岩体の一部を掘削した。

掘削坑から得られた重要な発見の一つは、三〜六キロメートルの深さで予想されていた花崗岩から玄武岩への遷移が見られなかったことである。地震波の分析では、そこに不連続面が存在することが示されており、岩石の種類の変化によるものと考えられていたが、玄武岩はなく、花崗岩がさらに続いているだけだった。地震波が示唆する不連続面は、岩石の種類のちがいによるものではなく、岩石の変成に起因するものであることがわかった。さらに科学者を驚かせたのは、岩石に徹底的に亀裂が入り、水が充満していたことである。そのような深度に自由水が存在するはずがなかった。おそらくそれらの水は、まわりの岩石から絞り出された水素と酸素からなるもので、不浸透の層によって保持されているのだろう。また、掘削工たちの証言では、穴から流れだす泥は水素で「沸騰」していたという。大量の水素の存在はまったく予期されていなかった。だが、超深度掘削坑の最も重要な発見は、地下六キロメートル、二〇億年以上も前の岩石から、微細なプランクトンの化石が見つかったことだろう。有機化合物にすっぽり包まれた状態で、合計二四種の古代生物が極限的な圧力と温度に何らかの方法で耐えて残ったのだ。

現在はエディンバラ大学にいるコーネリウス・ギランは、コラ半島超深度掘削プロジェクトを評価および指導する国際専門家チームのひとりだった。彼は悔しそうに当時を振り返る。「政府の援助が滞って計画が頓挫し、報告書もすっかり出てこなくなりました。すべての作業者にとってつらい時期でした。多くの者にとって、その計画はライフワークだったのです」。計画の責任者デイビッド・グーベルマンは、その場所が今後、国際的な研究施設になっていくことを望んでいたが、スタッフに給料を払うことすら難しいことがわかった。計画の終焉後、まもなくしてグーベルマンは亡くなった。今でも、そこで働いていた人たちは、計画は呪われたものだったと言うだろう。超深度にたどり着いたとき、坑口では地下からの叫び声を聞いた者もおり、それはまるで地獄の屋根を突き破ったかのようだったという。彼らが本当にそう信じているのか、ただ訪問者を楽しませるために言っているだけなのか、真相はわからない。コラ半島超深度掘削実験はマントルに到達することはできなかった。だが、マントル到達に再挑戦する計画が現在いくつか持ち上がっている。

ここ数年、科学者は再びマントルまで掘削することを考え始めている。技術が進歩し、地下の岩石に関する理解も深まったからだ。深度掘削に最適な場所を探すために、太平洋の数カ所で調査が行われている。だが、どの場所を選んでも、莫大な資金と時間、そしてたくさんの装置が必要なことに変わりはない。海洋地殻を掘り進んでマントルに達することができれば、地殻について、かけがえのない大量の情報を得ることができるだろう。

二〇〇二年、日本は掘削船「ちきゅう」の運用を開始した。「ちきゅう」は一〇キロメートルのドリルパイプを運搬でき、二五〇〇メートルの深海を掘削する能力を持つ船の巨人だ。今後、三〇〇℃に達する高温と高圧に耐えられる新しいドリルビットと潤滑油が必要になるだろう。掘削に最適な場所を探すには、考慮すべき条件がいくつかある。可能な限り浅い海を掘りたいので、海洋地殻が新しく形成される中央海嶺に近い場所がいい。一方、できるだけ冷たい場所でなくてはならないため、中央海嶺から離れたい。以上の条件から候補地は三つに絞られる――ハワイ沖、メキシコのバハ・カリフォルニア州、そしてコスタリカだ。ハワイ付近の候補地を例にとると、最も冷たいが最も深く、最近の火山活動にも近い。このようにどの候補地にも利点と欠点がある。超深度掘削計画は再び行われるかもしれないし、行われないかもしれない。ヘスは一九五八年の全米科学アカデミーの会合で初となるモホール計画を擁護してこう述べた。「穴を一つ掘っても、地球の内部について、我々が望むほど多くの発見はないというのも本当だろう。だが、この計画に反対する人々に対して私は言いたい。まず初めの穴が一つ存在しなければ、二番目の穴も一〇番目も、一〇〇番目も存在しない。我々が始めなくてどうするのだ」。新しいモホール計画がマントルに到達できるかどうか、いちかばちかの賭けである一方で、私たちのために自然がすでにやっておいてくれた場所がある。

マントルの岩石

イアペトゥス海は六億年前、巨大な大陸が分裂を開始したときに形成された。あらゆる意味においてこの海は、大西洋に先立つものと考えられている[訳注：イアペトゥス海はギリシャ神話の神アトラス(大西洋、Atlantic の語源)の父 Iapetus にちなんで命名された]。新しい超大陸、ローレンシア大陸が形成され、イアペトゥス海の海底がその下に沈み込み始めた。このプロセスを沈み込み(サブダクション)と呼ぶ。しかし今回は、ローレンシアの軽い岩石の下に、海底がただ沈み込んだだけではなかった。海底が裂けて、その破片の一部がマントルを伴いながら大陸の上に重なったのだ。そして、覆い被さっていた岩石が、数億年かけて風化で消滅した。つまり、ニューファンドランド島西部の台地は、地質学的な事故のおかげで、露出したマントルの岩石の上を歩くことができる非常に珍しい場所の一つなのである。

その岩石は鉄の含有量が高いため、大気に長年さらされて錆びた赤茶色をしている。露頭の一番よい部分を案内し、その岩石がどう特別なのかを説明するガイドのひとりは、その岩石の隣にいることは不思議な経験だと私に言った。「触ることができるし、舐めたければ舐めてもいい。でも持ち帰っちゃだめなんだ」。

他の場所でもイアペトゥス海の名残を見つけることができる。かつてのような壮大さはないものの、その海に隣接していた山脈が今でも存在する。その山脈の南部は、アメリカ大陸にどっしり座る現在のアパラチア山脈であり、北部はスコットランドとスカンディナビアの間に位置している。

私たちは今、地底旅行の第一部の終わりにさしかかっている。そしてまもなく地殻を後にする。リソスフェア（岩石質の地殻と上部マントルの一部の硬い層で、比較的冷たく割れやすい領域）も離れ、アセノスフェアを目指す。アセノスフェアは熱く流動性のある領域で、岩石が流れるため、圧力がかかっても地震が起こりえない場所だ。だが、実際にはそこでも地震が起こっている。この謎を解きながら、さらに地底深く潜っていくことにしよう。

第11章　地表と深部をつなぐもの

道を間違えた後、持ってきた水が底をつき、アクセルは喉が渇いて死にそうになっていた。引き返す道で、ハンスは花崗岩の壁の中から水の流れる音を聞いた。彼は温かい岩石に耳を押しつけ、急流がごうごうと激しく音をたてている場所を探した。つるはしで壁をたたくと、熱い水が蒸気をあげながら吹き出した。彼らはその水を冷ました。一行はその川を「ハンス川」と名づけ、その流れをたどりながら、地球の中心に向かって降りていった。

私たちの地底旅行でも、ある川をたどって地球の中心を目指すことになる。だが、その「ハンス川」は水が流れる普通の川ではなく、岩石の川、さらに正確に言うと、下降する海洋底のスラブである。ここまでの章で、大陸が移動すること、そして、地球の表面が構造プレートに分かれていること、さらに構造プレート同士が衝突するときに海洋底が大陸の下に沈み込むことがあることを見てきた。そう、この沈み込みのプロセスが、地表と深部をつないでくれるのだ。地球の表面には五万五〇〇〇キロメートルにわたって沈み込み帯がある。二四の個別の沈み込み帯が存在し、それぞれが少しずつ異なっている。その多くは環太平洋火山帯、つまり太平洋を縁取る火山と地震の領域を形作っているが、関係のないものもある。サウスサンドウィッチ諸島の近くでは非常に活発な小さな沈み込み帯が見られるし、アルプスからインドへものびている。沈み込みによって毎年三平方キロメートルの海底が失われるが、かわりに中央海嶺で新たに海底が形成される。大西洋中央海嶺は南アメリカプレートとアフリカプレートを引き離し、年二五ミリメートルの速さで太平洋プレートに向かって南アメリカを押している。太平洋プレートの東側はこれに抵抗し、南アメリカに向かって、ナスカプレートを年三七ミリメートルの速度で押している。ナスカプレートが南アメリカプレートの下に沈み込むことによって南アメリカは厚みを増し、場所によっては七〇キロメートルもの厚みになっている。インド洋の海底も拡大しており、年一五ミリメートルの速度でアジアに向かってインドを押している。この衝突によって、地球上で最も壮大な山脈、ヒマラヤが形成されている。スラブに働く力を分析した結果、中央海嶺で新たに海洋底が形成される際にプレートが押し開かれるが、スラブの沈み込みによって引っ張られてさらに大きな力が働くことがわかった。沈み込み帯を伴わないプレートは、伴うプレートに比べると動きが遅いのはこのためだ。髪が伸びるスピードに対して爪が伸びるスピードといった具合に。

テキサス大学のロバート・スターン教授は沈み込み研究の第一人者である。沈み込みは固体地球科学で最も重要なプロセスだと彼は言うが、それは間違っていない。沈み込み帯は一般的に正しく理解されておらず、その規模や重要性は計り知れないというのが彼の持論だ。カリフォルニア州で育ったスターンが最初に沈み込みに興味を持ったのは、一九七〇年代後半、大学院生のときに、マリアナ島弧の西側を訪れようと思ったときからだった。それ以来、沈み込み帯を愛してやまないという。「そこを実際に訪れることはできません。その屋根の上や煙突から出てくるものを見て、何が起こっているのか知ることはできても、実際に起こっていることを知るのは難しいのです」。

ペルー・チリ海溝では、薄くて密度の高いナスカプレートの海洋底が南アメリカプレートの下に沈み込んでいる。そのスラブは三〇度の角度で下降し、地表から消えていく。

消えたスラブはいったいどこに行ってしまったのだろう。

ヴェルヌの『地底旅行』では、リンデンブロック教授と仲間たちが「結晶……光り輝く玉のように見える結晶」に遭遇した。それから百五十年後、ヴェルヌには知るよしもないことだが、結晶の研究が地球深部を新たに照らす光となった。

マントルの謎

さて、地球の深部に向かって下降し始めた私たちの「ハンス川」、つまり海洋底（リソスフェアのスラブ）をたどっていくことにしよう。まわりの岩石よりも重いため、軽い岩石と出会うとその下に潜り込み、いったん沈み始めると止まらない。これまで生まれ故郷の中央海嶺から遠ざかるように移動してきたが、ここからは地下での新しい一生が始まる。再び地表に姿を現すのは数億年、いや、数十億年先。いや、ひょっとすると永久に……。

スラブは地殻からマントルを目指して進む。マントルは地球で一番大きい領域で、体積の八二パーセント、質量の六八パーセントを占める。そこは地球の考古学の宝庫だ。多くの謎があり、新しく認識された太古の構造や、地表で生命が存在するのに必要かもしれないプロセスが隠されている。地底には地球の過去があり、氷河のような遅い速度で深部から上昇してきたら、人類が直面する最大の環境的な挑戦となり、今まで経験してきた地震や火山の噴火など取るに足らないものに思えるような、すさまじい出来事が引き起こされるかもしれない。

私が物理を専攻する学生だったころ、地球の構造に関する授業があった。地殻と核については詳しく説明されたが、マントルは特徴がなく、つまらない領域として扱われるのが常だった。それは地殻と核の間に存在する単なる岩石の層で、極低速の対流パターンで動いており、対流によってエネルギーが地表に運ばれ、大陸移動の原動力になっているという説明だった。決して活動的な場所ではなく、いくつかの層があるが、すべて上部にあり、それ以外に何もない。まるで地球の大部分が退屈なものであるかのようだった。ああ、なんと愚かな話だろう。地球物理学者はマントルを素通りし、地球の中心で見られる魅力的な物理に引き寄せられていった。アリゾナ州立大学のエドワード・ガーネロ教授が学生時代に地球物理学の講義を受けたときも、まったく同じ気持ちだった。

彼はこう話してくれた。「長年、面白みがあるのはマントルの上部だけだと考えられていました。地底では上昇する圧力と熱によって、どんな構造も消えてしまい、ゆっくり動く均質の塊が形成されて、外核との劇的な境界まで続いているとされていたのです。一九八〇年代に新米の研究者だった私は、すっかりそれを鵜呑みにしていました。当時、マントルは放射状の構造で、圧力に屈して岩石の原子がどんどん密な配列になり、組成の異なる岩石が層になっていると教えられていたのです」。

だが、現在ではそうではないことがわかっている。そこで私は聞いてみた。マントルの劇的な姿がわかりつつある今、若い自分にどんなアドバイスをしたいかと。「そう単純なものではないという証拠があったのに、ほとんどの科学者はそれを無視し、私が受けた講義でも素通りでした。ようやく、すべてを変える新しいデータが出てきましたが、『マントルとはこういうものだ』という彼らの先入観に合いませんでした。主題が変わるときはいつもそうです。地震データに痕跡があり、何かが存在することはわかったはずなのです。さまざまな層での反射は明瞭なものに見えませんでしたし、ノイズと思われるものや、データのばらつきとみられるものもありました。重要なことに、世界の異なる場所では、データのばらつき方も異なっていました。それはマントルの層の深さがわずかに異なるからだと説明をつけて、簡単に片づけていました」。だが、ぼやけた地震記象を見ているうちに、ガーネロや他の研究者は疑い始めた。「もしも研究を始めたころに戻って自分自身と話せるなら、こう言いたいですね」と彼は言う。「データを注意深く見てみなさい。それはノイズではなく、実在するものだ。実際に存在する構造から、本当に跳ね返ったものなのだ。マントルには放射状の構造があるだけでなく、横方向にも構造があるということを教えてくれている。マントルは、私たちが気づいているよりもはるかに興味深く、重要だということを示している」。

沈み込みの「個性」

地球の表面を移動する構造プレートは、地球の歴史の初期、おそらく月の形成からそう長く時をおかずして存在し始めた。実際、ジャックヒルズのジルコンやハドソン湾の太古の岩石で見てきたように、プレートテクトニクスの基本的なメカニズム――沈み込み――がある程度すでに始まっていたという証拠がある。粘性のある上部マントルの上に浮く、連動する地殻のスラブは、下に引っ張られる際に、まわりの地殻が破砕されて形成されたのかもしれない。それが何度も起こった末に、弱い部分がプレート境界になった。地球の内部からの熱でマントルがゆっくり攪拌され、エネルギーが表面に移動し、その一部がプレートを動かす原動力になった。もしかしたらこのことによって、金星――地球とほぼ同じ大きさの世界――に構造プレートがない理由を説明できるかもしれない。金星は熱く、破片がマントルに沈んだ後に地殻が癒えるため、プレートができないのだろう。

中央海嶺で形成される新しい岩石は左右に広がり、玄武岩の海洋底となって移動していく。その上に堆積物がたまってしばしば厚い層を形成する。だが、地表での命は比較的短く、二億年に満たない。こうした溶融マントルから固化してできた若い岩石が再びマントルに加わると、地表の冷たさが内部に持ち込まれ、堆積物も入り、大きな変化が起こる。スラブは沈み込み帯で折れ曲がり、ある時は一〇度、またある時は急角度というように、さまざまな角度でマントルに入っていく。マリアナ島弧の下では、垂直に沈み込んでいる。地震データを使うとスラブが下降する様子を見ることができ、数百キロメートル下まで追うことができる。太平洋プレートがインド・オーストラリアプレートの下に沈むトンガの沈み込み帯を例にとろう。四五度の角度で沈むスラブを、P波のデータで約七〇〇キロメートルの深さまで追うことができる。下降する頭上には、二つの火山群があり、その間に「拡大中心」と呼ばれる広い平地がある。この地域の地震を地図にすると、面白いパターンが現れる。地震はスラブを追いかけるように存在し、その先端に集中しているのだ。

スターンによれば、すべての沈み込み帯には個性がある。基本的なパターンは同じでも、バリエーションが豊富なのだ。一番単純な形は、プレートが別のプレートの下に沈み込むというものだが、たいていの場合そう簡単ではない。たとえば日本は、世界で最も地震が起こりやすい国の一つである。日本の中央の地底では、フィリピン海プレートと太平洋プレートがユーラシアプレートの下に潜り込んでおり、その真上に東京がある。この二つのプレートの沈み込みが、地震の中で最も強力で恐ろしい「深い地震」の原因となっている。だが、状況はさらに複雑で、最近の地震データの分析から、太平洋プレートの破片が太平洋プレートとフィリピン海プレートの間に引っかかり、その上にユーラシアプレートが覆い被さっていることがわかってきた。これらすべてが東京の真下で起こっている。実際、割れた破片の位置は、首都の下に存在する繰り返し起こる深い地震の震源と一致している。

インドネシアが長年プレートテクトニクスの研究者を引きつけてきたのは、四つの重要な構造プレートが接する場所だからだ。地球物理学者は特にバンダ海の東端付近に位置する曲がった島弧に注目している。北のブル島から南のティモール島にかけて、二つの島弧が平行に走り、途中で一八〇度曲がって、直径およそ二〇〇キロメートルの弧を形成している。内側の島弧は火山性だが外側は非火山性だ。東側ではこの二つの弧の間に世界で最も深い海盆の一つ、深さ七キロメートルのウィーバー・ディープがある。ウィーバー・ディープは沈み込み帯の間にある海底のくぼみで、前弧海盆と呼ばれ、スターンによれば、起こっている現象を上からたくさん観察することができるという。この地域の地震活動も島に沿ってカーブしている。この地域の地震史には、記録されている中で最大級の、地表からおよそ一〇〇キロメートル下を震源とする巨大地震がいくつか含まれている。

伊豆・小笠原・マリアナ島弧は沈み込みの好例だ。東京の南に位置するこの島弧はフィリピン海プレートの東側にあり、全長約三〇〇〇キロメートルに及ぶ。そこには地表で最も深い溝、マリアナ海溝がある。その深さはおよそ一万メートル。人類が地球の中心に最も近づいた場所だ。この領域では、太平洋プレートの西側――中期ジュラ紀と前期白亜紀に形成された玄武岩の海底――が沈み込んでいる。そして、少し離れたところに火山弧がある。もう一度状況をよく見てみると、最初に見たときよりもはるかに複雑なことがわかる。フィリピン海プレートから分かれてマリアナプレートと呼ばれる小さなプレートがあるのだ。そう、基本的なパターンと豊富なバリエーションだ。

冷えていく地球

しかし、なぜまっすぐ落ちていくこともあれば、浅い角度で沈むこともあるのだろうか。たとえば約七〇〇〇万年より新しいスラブは、古いスラブの二倍の速さで沈むことが多い。古い地殻は密度が高く、強度があるので、素早く曲がることができない。そのため、若くて軽くて弱い地殻よりも浅い角度でマントルに入ると考えられている。後で述べるように、さらに深いところでは、このちがいがそれぞれの挙動に影響を及ぼす可能性がある。

総じて沈み込み帯は若く見える。だが、そのプロセス自体は数十億年間続いているのだから、古い沈み込み帯がかなり容易に消滅して新しいものが形成されていると推測される。たとえば伊豆・小笠原・マリアナ島弧システムは、密度の高い海底の岩石が太平洋西部で広範囲に沈下したことによって数千万年前に始まったとみられ、現在では最大級の沈み込み帯になっている。

　堆積物がたまり、全体の厚みが一〇〇キロメートル、幅数百キロメートルにもなる海洋地殻のスラブには莫大な力が働く。堆積物の一部は、大陸地殻の下に沈み込む際にはぎとられ、付加体と呼ばれる構造を作る。付加体は肥沃な細長い地帯で、たとえばカリフォルニアの海岸線のように、地震を避けられない場所であるにもかかわらず、人々を引きつけてやまない。だが、あまり堆積物がたまっていない場合もあり、沈み込みでプレートがこすれると、大陸の縁辺部が裂けて断層ができたり、アンデスのような山脈が形成されることもある。

　そして、もう一つ注目すべきことは、下降を始めるとき、スラブは冷たいがマントルは熱いということだ。これは続いて起こる出来事に重大な影響を与える。ケース・ウェスタン・リザーブ大学のスティーブン・ホーク・セカンドはこう説明する。「数千万年から数億年間地表に存在していたため、スラブ内部の温度は低く、マントルに沈み込み始めると温められますが、それでもまわりのマントルよりもはるかに冷たいのです」。また、大きな力で圧縮されて岩石の構造に根本的な変化が起こる。スラブはもろいため、割れた破片が地震の原因になる。岩石に強度があって割れるところでは地震が必ず発生するのだ。もし弱ければ、岩石は割れずに水飴のように流動する。だが、火山はどうなのだろう。なぜ沈み込み帯の近くに火山弧があるのだろうか。火山活動のほとんどは沈み込み帯と関係しており、地震と密接に結びついている。環太平洋造山帯を一目見ただけでも、沈み込み帯、地震、火山が共存していることがわかるだろう。

　地殻と上部マントルでは、水や水を含む液体が大きな影響力を持っている。岩石の強さは水に依存するため、水が地震の発生を制御しているといえる。また、水によって化学元素があちこちに移動して鉱床が形成される。スラブが下降し、大量の岩石がどんどん深部に運ばれ、温度と圧力がもう耐えられないほどになると変化が起こる。温度が上昇するにつれ、たとえばエピドート（緑簾石（りょくれんせき））やクロライト（緑泥石（りょくでいせき））のような含水鉱物が分解されて液体が放出される。実際に変化がどこで起こるかは、スラブの下降速度で決まる。そして、スラブからにじみ出た水がマントルに達すると、マントル岩石の融点が下がる。四〇〇℃下がることさえある。粘性が低くなった岩石は上昇し、新しい火山を形成する。これが原因で、沈み込み帯の一〇〇キロメートルほど上には新しい火山弧が存在し、スラブが水を放出し続ける限り火山も存在し続けるのだ。このような火山は地表で見られる他の火山、中央海嶺や地溝帯で見られるものとはまったく異なり、お互いにも異なっている。

現在の地球は沈み込みの新しい段階に入っていると推測する地球科学者もいる。時間とともに地球は冷えており、沈み込みによってより多くの水が内部にもたらされるからだ。中央海嶺から沈み込み帯まで移動する間に、海洋底の亀裂や岩石の構造そのものの中に水が浸透する。水の多くは放出されて火山を形成するが、一部はスラブにとらえられたままマントルの奥深くまで下降すると考えられている。深部まで到達する水の量を知るには、過去約五億年間にわたる海水の量の研究が手がかりとなる。堆積岩を調べれば、それが堆積したときの海の深さを見積もることができる。その結果、まだ多くの水が地下に消えていないことがわかるが、未来についての保証はない。

地球は冷却しており、マントルも五億年前よりも冷たくなっている。それはスラブが下降する際に、かつてのようには多くの水が絞り出されないということを意味する。将来的には、より多くの水が海から失われ、地球の内部に保持されるだろう。科学者の中には、トンガと南アメリカの沈み込み帯は十分に冷えているため、こうしたことがすでに起こっていてもおかしくはないと指摘する者もいる。水が地球の内部に運ばれることによって、今後一億年間で世界の海面は約一〇〇メートル低下すると予想されている。沈み込みの副作用によって、海の体積が地質時間という長い時間をかけてゆっくり減少し、私たちの惑星は姿を変えていくだろう。

下降したスラブはどんどん加熱されていく。運搬されてきた薄い堆積物の層はなおさらだ。一二〇〇～一三〇〇℃まで上昇すると、堆積物は非常に興味深い岩石に変化する。およそ一〇〇〇万年かけて地震の最も深い地点、深度約六七〇キロメートルに到達する。地震活動が見られないことから、スラブの芯まで熱が達し、地震を起こすようなもろさはもうないと考えられる。だが、これが最期で、熱いココアに入れたチョコレートの塊のように、溶けてまわりの岩石と混ざってしまうと思ったら大間違いだ。スラブの一生はまだまだ終わらない。まもなく最初の主要な構造、マントル遷移層と呼ばれる領域に到達する。

遷移層の発見

最初にマントル遷移層が姿を現したのは、一九二〇年代から三〇年代のことである。地震観測基地がそれほど多くなかったにもかかわらず、地震データの解析が飛躍的に進歩した時期だった。マントル上部のどこかに地震波の速度が変化する領域があることがわかった。一九三六年、地震波の変化は、圧力によってかんらん石（マグネシウムまたは鉄、ケイ素と酸素からなる）の構造が変化する深度を示しているのではないかと考えられた。かんらん石（オリビン）を構成する原子がさらに密に詰まって、深部の圧力に耐えうる高密度の構造に変化するという説だ。その後、アメリカの地球物理学者、フランシス・バーチ（一九〇三―九二）がマントルの構造を組成によって分類し、一九五二年に画期的な論文を発表した。バーチといえば、マンハッタン計画に参加し、広島と長崎に原爆を投下したことで知られている。彼は核兵器用のガンバレル（核兵器の構造の種類の一つで、臨界状態を達成するために砲身状の構造を使う方法）を設計して、エノラ・ゲイに積み込むのを手伝った。バーチは学者生活をすべてハーバードで過ごした。博士課程では、パーシー・ブリッジマンから指導を受けた。バーチは固体地球物理学の草分け的存在で、鉱物と岩石の物理学的研究に地震データを合わせれば、地球の組成の理解につながることを熟知していた。そして、上部マントルはかんらん石、輝石（カルシウム、ナトリウムと鉄）、ざくろ石（ガーネット）で構成され、下部マントルは、ペリクレース（酸化マグネシウムの一種）のように、さらに密度の高い鉱物で構成されていると結論づけた。さらに、その間には、圧力によって鉱物の元素の充填方法が変化する遷移層があるのではないかと考えた。これは、当時の地震学や鉱物物理学のはるか先を行く説だった。

　このようにして、地震の観察と鉱物物理学が一つになり始めた。地震データはある深度、つまり地球内部の圧力による鉱物の構造変化を示唆しており、実験室でその圧力を再現できる装置を作れるかどうかが課題だった。その道のりは決して平坦なものではなかった。

第12章　圧力とマントル

物質を研究するとき、科学者にはたくさんの選択肢がある。寸法を測ったり、重さを量ったり、熱いか冷たいかをみたり、引っ張ったり、圧力をかけたり、さまざまな方法がある。ハリー・ドリッカマー（一九一八―二〇〇二）は、高圧下での物質の研究を行った最初の研究者のひとりだった。

チューリッヒでユダヤ人の両親のもとに生まれたヴィクトール・モーリッツ・ゴルトシュミット（一八八八―一九四七）とウラジーミル・ベルナツキー（一八六三―一九四五）は現代鉱物学の父と呼ばれている。ゴルトシュミットは、ドイツ占領下のノルウェーで教鞭をとっていた。ドイツにとってのノルウェーはUボートの基地として、またスウェーデンから鉄の海上輸送を確保するために重要な場所だった。ドイツによるノルウェーの占領は残忍を極めたと歴史家は言う。それは特にユダヤ人に当てはまる。ノルウェーにいた一八〇〇人のユダヤ人のうち、七三六人が国外に追放された。ゴルトシュミットは一九四二年十月二十六日に逮捕され、十一月五日に釈放された。そして、再び十一月二十五日に逮捕され、アウシュビッツ強制収容所に送られるのを埠頭で待っていたところ、引き留められた。彼がプルトニウムの性質を研究していたため、その知識が第三帝国に有用だとドイツは考えたのだろう。その後、スウェーデンに逃れ、さらにイギリスに渡った。一九四六年にノルウェーに帰国したが、まもなく亡くなった。今日、欧州地球化学連合（EAG）が毎年開催する会議には「ゴルトシュミット国際会議」という名前がつけられている。

だが、高圧研究の時代を切り開いたのは、ノーベル賞を受賞したハーバード大学の物理学者、パーシー・ウィリアムズ・ブリッジマン（一八八二―一九六一）だった。彼は手に入れられるものなら何でも片っ端から高圧にかけて実験した。ブリッジマンの死後何年も経ってから、ハリー・ドリッカマーはこう回想している。「私は多くの人にブリッジマンの弟子かと聞かれました。正式にはもちろんそうではありません。ですが本質的には誰もが彼の弟子なのです。彼の高圧研究への情熱を私たちはみな共有し、彼の知的誠実性といってもいいようなものを反映したいと願っています。今日でも私たちは彼の技術、または彼が開発したものを改良したものや、派生したものを使用しています……彼の死後も、その精神や理想がこの分野にまだ浸透しているのです。重要な研究分野で、ひとりの人間がこんなにも大きな影響を与え続けることは、そうめったにあることではありません」。ブリッジマンは、水を圧縮することで新しい種類の氷も発見した。ドリッカマーはさらにこう述べている。「現代の物理学や化学、地質学、工学、そして生物学の分野において、高圧が必要不可欠なテクニックになったことを知ったら、ブリッジマン教授はまちがいなく喜んだにちがいありません」。だが、高圧の影響を広範囲に広げたのは、他でもないハリー・ドリッカマーだった。

一九五五年、ニューヨークのゼネラルエレクトリック研究所に所属するロバート・ウェンターフ・ジュニア（一九二六―九七）はピーナッツバター（しかも粒入り）を買いにでかけた。彼はそれをパンには塗らず、実験室に持ち帰って、強い圧力をかけた。すると、炭素が主成分のピーナッツバターはダイヤモンドの小さな結晶になった。これが圧力の持つ驚異の力だ。この力が星に活力を与え、惑星を形作り、さらには、地表に大気圧があるおかげで、私たちは生きていくことができる。

高圧と格闘する科学者

素晴らしき圧力の世界へようこそ。まずは基準値を見てみよう。海面での圧力、一気圧（atm）は、一平方センチメートルあたり約一キログラムの力に相当する。海中では一〇メートル深くなるごとに一気圧増加する。したがって、海で最も深いマリアナ海溝の海底、深さ約一万一〇〇〇メートルでは、一一〇〇気圧、または、一平方センチメートルあたり一トン強になる。高圧を測るとき、科学者はパスカル（Pa）という単位を使う。一ドル札を机の上に置くと、およそ一パスカルの圧力になる。強い風は一〇〇パスカル。強いパンチはおよそ二〇万パスカル。シャンパンのボトル内の二酸化炭素の圧力は約五〇万パスカル。私たちの噛む力は一〇〇万パスカル、または一メガパスカル（MPa）である。地球の内部の圧力を測る際の基本単位はギガパスカル（GPa）、つまり一〇億パスカル。一ギガパスカルは一万気圧に相当する。地球の中心部の圧力はおよそ三五〇ギガパスカル、または三五〇万気圧だ。桁はずれな圧力に思うかもしれないが、宇宙では私たちのほうが珍しい。一気圧にある物質は非常にまれなのだ。ほとんどの物質は、銀河や惑星間の非常に希薄なガスの中にあるか、死んだ星や惑星内部で一〇万気圧よりも大きな圧力を受けている。ブリッジマンは、たった〇・三ギガパスカルの圧力しか発生できない装置から始めて、一〇ギガパスカル、地球の核の圧力のおよそ三パーセントを出せる装置を開発した。

ブリッジマンが高圧研究の時代のスタートを切ったものの、その後の道のりは長かった。マントルの大半を構成する数少ない元素——ケイ素、酸素、カルシウム、マグネシウム、鉄——からなる鉱物が、マントルの高温・高圧下でどのように振る舞うかは謎のままだった。オーストラリアの地球物理学者、テッド・リングウッド（一九三〇—九三）がこの難問に挑戦した。彼は研究者として駆け出しのころに、バーチの実験室で数カ月過ごす間にすっかりマントルの虜になり、その状態を再現して何が起こっているのかを自分の目で見たいと思った。そして、謎の多い遷移層で、圧力に起因するかんらん石と輝石の変化が起こっているはずだと予想した。オーストラリア国立大学での研究中に、かんらん石を五〜六ギガパスカル圧縮できる装置を開発し、一九六〇年代初頭までには、東京大学物性研究所の秋本俊一と並んで、世界で最も活動的な研究グループを率いていた。彼はさまざまなデザインのタングステンカーバイド製（超硬合金の一種）のピストンを向かい合わせに設置した巨大な圧縮機を使って高圧を発生させた。

リングウッドが高圧と格闘している間に、地震波の解析技術が向上し、一九六〇年代までには、地震学者が地震計をずらりと並べて実験を行うようになり、多くのデータが収集され、不明瞭だった遷移層は二つの不連続面に分かれていることがわかった。深さ四一〇キロメートルと六六〇キロメートルである。四一〇キロメートル不連続面は、海底では二〜四キロメートルの厚みを示し、大陸の下では最大で三五キロメートルの厚みを示す。六六〇キロメートルの不連続面は薄く、厚さ五キロメートル以下で、マントルの中で最も変化が明瞭だ。このような岩石の密度の変化を示唆する地震速度の変化は、単に圧縮に起因するにしては急激すぎる。鉱物の構造そのものに何かが起こっているにちがいなかった。

リングウッドの研究チームは、メジャーライト（上部マントルで見られるざくろ石の一種）、ワーズレイアイトとリングウッダイト（どちらもかんらん石の高圧多形体）という重要な鉱物を発見した。どの鉱物にも、彼の名前を含め、オーストラリアの研究者の名前が付けられている。リングウッダイトは実験室で作られ、上部マントルに存在するが、地表では発見されていなかった。だが、一八七九年に落下したテンハム隕石の組成を調べてみると、その中にリングウッダイトが含まれていることがわかり、予想されていた鉱物が自然界に実際に存在することが初めて確認された。数年前には、カナダのアルバータ大学の研究チームが、マントル内で形成された後に地表にもたらされたブラウン・ダイヤモンドの標本から、地球由来のリングウッダイトを分離している。

研究者はさらに強い圧力を使って理解を深めようとした。深さ四一〇キロメートルでは、深さに応じて増大する圧力によって、かんらん石の原子が再配列し、密度の高い結晶構造が作られる。深さ六六〇キロメートルでは、約二四ギガパスカルに達するが、当時その圧力を人工的に発生させることはできなかった。六六〇キロメートル以深では、原子の配列が再び変わってさらに密度の高い結晶構造になり、ペロブスカイトとマグネシオウスタイトと呼ばれる鉱物が形成され、ざくろ石がペロブスカイトに変化することを示唆する証拠がある。また、六六〇キロメートルの不連続面は、地球内部の動態に一役買っている。それは全マントル対流のバリア、二層対流モデルにおける異なる対流セルの間の水平な境界、つまり、上下の対流渦を隔てるものであるのかもしれないのだ。

他の惑星にもマントルが見られるが、地球と同じようなものはない。固体惑星、つまり水星、金星、地球、火星の中では、地球のマントルが最も大きい。それは地球が一番大きい惑星だからだ。金星のマントルについてはよくわかっていない。というのも、いろいろな意味において地球とは非常に異なる性質を持つことが判明しているが、その内部について知られていることの多くは、地球との類推によって導かれたものでしかないからだ。表面を見る——厚い雲に覆われていて直接観察することはできないので、軌道を回る探査機のレーダーを使用する——と、表面は比較的若く、目立ったプレートテクトニクスの証拠はない。金星でどのように地表が作りかえられているのかは不明だ。

火星のマントルは地球の上部マントルによく似たものだと推測されている。地球よりもずっと小さい惑星なので、内部の圧力が地球内部のレベルに達することはない。火星のマントルも地球のマントルのようにゆっくり動いているはずだが、対流のしかたは異なるとみられる。また、プレートテクトニクスは見られない。プレートの活動は地球でしか見られないのだ。火星には太陽系で最大級の火山、オリンパス山がある。火星にはスタグナントリッド対流と呼ばれる対流があり、マントルが小さな鉄の核を温かいまま保つ効果的な断熱材の役割を果たしていると考える研究者もいる。

私たちの惑星に話を戻そう。高圧装置の実験結果に地震データを組み合わせることで多くの洞察が得られたことを見てきたが、当時発生させられる圧力はマントル深部の圧力には到底及ばなかった。その圧力を再現するには新しいアプローチが必要だった。

ダイヤモンドアンビルセル

アルヴィン・ヴァン・ヴォールケンブルク（一九一三―九一）は、その晩年、学会に出席しては自分が発明した「ダイヤモンドアンビルセル（ＤＡＣ）」と呼ばれる装置を展示し、人々に顕微鏡をのぞかせて、高圧の世界を披露した。彼はよく、自分が初めて見たときの感動や、日常の物がまったく新しい次元になることを話した。この誰にでも顕微鏡をのぞかせる陽気な男のおかげで自分たちが話し合っている発見のいくつかがなされたことなど露知らず、単なる余興の一種と見なして、若い研究者が気にもとめずに通り過ぎていくことがよくあった。ダイヤモンドアンビルセルは画期的な装置で、地球の核の圧力に匹敵するほどの驚異的な高圧を発生させることができる。ある意味、この装置とアルヴィン・ヴァン・ヴォールケンブルクが、地球の探検において、人類が探索できる領域を誰よりも多く切り開いたといえるだろう。

ボールケンブルクはアメリカ国立標準局で働いていたときにＤＡＣを発明した。この装置は科学的根拠に基づいている。利用可能な物質の中でダイヤモンドが最も硬く、剛性率も高いのだ。宝石質のダイヤモンドが一対、お互いに向き合うように配置されている。その間に小さなリング状の金属のガスケット（密閉用シール材）があり、ミリグラム単位の試料を入れる小部屋になっている。下部マントルの圧力を発生させられるこの装置は、手で持てるほど小さい。さらに、もう一つ優れた点がある。ダイヤモンドは透明だ。試料を直接観察したり、レーザーで温めたり、ダイヤモンドを通してＸ線を当てて、試料の物理的な変化を研究することも可能である。ＤＡＣは実に簡素で見事な装置だ。ボールケンブルクは、チャールズ・ウェアとエリス・リピンコットとともに、世界で初めて数千気圧で物質が変化するさまを目の当たりにした。最初のころ、DACで発生させられる圧力は、地球でいうと二〇〇キロメートルの深さに相当する一〇万気圧だった。「できることは何でもやって、手当たり次第にダイヤモンドを粉砕したものさ」と彼は言った。そして、ついに三〇万気圧を発生させた。

ダイヤモンドアンビルセルは、幅広い条件で物質の構造を調べることができる大変有用な科学的ツールになった。超高圧下では、原子が再配列して、新しい物質が姿を現す。圧力がかかると、整然と並んでいた原子の列が乱される。圧力をかけて生成された新しい物質の中には、元の状態にポンと戻らないものもしばしばある。そうした構造は「準安定」と呼ばれ、よく知られているのがダイヤモンドである。

だが、他の科学者たちは、この研究にほとんど興味を示さなかった。一九七〇年代、ヴォールケンブルクはウェアとリピンコットとともに、さらに強力な新型のダイヤモンドアンビルセルを設計した。そのアイディアは素晴らしいもので、三人とも成功を確信していた。彼らは特許を申請して、それぞれ一二五ドル出資し、ハイプレッシャー・ダイヤモンドオプティクスという会社を立ち上げた。だが、最初の数年間の売り上げは伸び悩み、ヴォールケンブルクだけが残ることになった。ウェアは退職し、リピンコットは一九七四年に亡くなった。しかし同年、オーストラリア国立大学のリン・グン・リューがダイヤモンドアンビルセルを使って、ざくろ石の一種からペロブスカイトを合成し、遷移層から下のマントルの大部分を構成する高圧で安定的な鉱物を直接観察することに成功した。これによって下部マントルの研究に火が付いた。リューは、かんらん石や輝石、ざくろ石といった上部マントルを構成する主要鉱物のすべてからケイ酸塩ペロブスカイトが生成することを発見した。この相転移が六六〇キロメートルの不連続面の原因であることが判明した。下部マントルの体積は、地球の体積の五〇パーセントを超える。ケイ酸塩ペロブスカイトは地球で最も豊富な鉱物で、マントルの九三パーセントを構成するのだが、地表ではまったく見つかっていない。

マントルを構成するもの

さあ、マントルの組成が明らかになった。二〇〇キロメートルの深さまではスピネルとかんらん岩で構成されている。スピネルはマグネシウムとアルミニウムと酸素から成り、かんらん石（マグネシウムまたは鉄、ケイ素と酸素）と輝石（カルシウム、ナトリウムと鉄）からなる粗粒岩石だ。それらの鉱物は、圧力のために四五キロメートル以深で変化し、スピネルが輝石と反応してざくろ石かんらん岩（かんらん石と輝石からなる）ができ、四一〇キロメートルの深さまで存在する。ワーズレイアイト（かんらん石の高圧型）は四〇〇キロメートルから五二五キロメートルの深さに存在し、五二五キロメートルから六六〇キロメートルの深さにはリングウッダイトがあり、そして、六六〇キロメートルの深さからほぼマントルの底までペロブスカイトが続いている。

リングウッダイト、ワーズレイアイト、ペロブスカイトの三つの鉱物がマントルの特性のほとんどを決めている。パーシー・ブリッジマンの研究をたたえ、二〇一四年には国際鉱物学連合の新鉱物・鉱物名委員会が、ケイ酸塩ペロブスカイトをブリッジマナイトと命名した。

地球深部の圧力を再現できる装置を初めて見たとき、想像していたよりもなんとなく小さいな、と私は思った。すさまじい圧力を発生させる機械と聞くと、どろどろに溶けた金属に打ちつける蒸気ハンマーや、廃車をつぶすときに使う油圧式クレーンなどを思い浮かべる。だが、目の前にある装置は、力強い油圧プレスのようなものではなかった。それは手のひらに載るくらい小さい。しかし、中には魔法の力が秘められている――ありふれた物質をまったく違うものに変化させてしまうのだ。たとえば高圧をかけると酸素は青色になり、次に赤、そして、鋼鉄のように輝く金属に変わってしまう。すでに見たように、ピーナッツバターはダイヤモンドになる。もちろん木だってそうだ。

その後数年でDACを使って発生させられる圧力が高まり、さらに深い領域の圧力を再現することが可能になった。一九八七年、エリス・ニットルとレイモンド・ジーンロズは一二七ギガパスカルという高圧で観測を行い、下部マントル全体を通してケイ酸塩ペロブスカイトが安定しているという結果を得た。一九九八年にはオーストラリア国立大学のスー・ケッソンらが一三五ギガパスカルで研究を行い、「ペロブスカイトが存在し、他の相は見られなかった」と発表した。多くの科学者は、ペロブスカイトがマントルの基本的な鉱物で、外核に達するまで他の鉱物への遷移はないと考えた。だが、それはとんだ大間違いだった。

第13章　星の破片、ダイヤモンド

マントルを見るには、実験室で作る以外に方法がないわけではない。マントルの中で生成されたあるものが地表に出てくることがあるのだ。バイロイト大学のダン・フロストは、多くの火山では玄武岩質溶岩が見られ、その中にマントル捕獲岩（mantle xenolith）と呼ばれるものがたくさん入っていることを私に教えてくれた。xenolithとは「よその岩石」という意味で、マントルの破片がはぎとられ、マグマに捕獲されて地表にもたらされたものである。マントル捕獲岩を割ってみると、かんらん石からできていることがわかる。かんらん石はマグネシウムと鉄のケイ酸塩鉱物で、深さ四〇～五〇キロメートル、圧力一・五ギガパスカルの場所から来たと考えられる。さらにフロストは、もっと深いところから来たマントル捕獲岩も存在すると教えてくれた。

いわゆる「キンバーライト噴火」なるものが、特に南アフリカであったことが知られている。その噴火がどのようなものだったのかは明らかではないが、マントルから地表まで物質が急速にはき出されたことを示す火山筒が発見されており、マントル捕獲岩が豊富に含まれている。捕獲岩にはアルミニウムを含む赤い鉱物、ざくろ石が見られる。最深で地下二〇〇キロメートルからもたらされたものだろう。また、キンバーライト・パイプにはダイヤモンドも含まれている。ダイヤモンドのほとんど、もちろんすべての宝石質のダイヤモンドは、リソスフェアマントルの深さ約一四〇キロメートルで生成されたものだ。たいていの場合、ダイヤモンドを生成する条件に合う場所は古い大陸底部しかない。岩石中に浸透していた炭素を豊富に含む液体が、一〇億～二〇億年かけて、高圧と比較的低い温度でダイヤモンドに変化したと考えられている。

ダイヤモンドはマントルへの扉と称されるが、月の石よりも珍しい「ディープ・ダイヤモンド」はまさにその通りだろう。さらに、一ダース以下だが、「ウルトラディープ・ダイヤモンド（超深度ダイヤモンド）」も見つかっている。このようなまれなダイヤモンドについて、過去数年間にオーストラリアで重要な発見があった。わずか数ミリメートルの白いダイヤモンドが、南オーストラリア州のユーレリアという村で発見されたのである。それらのダイヤモンドが生成された場所は通常よりも深い。通常のダイヤモンドは二五〇キロメートル程度の深さでできることもあるが、ユーレリアのダイヤモンドは太古の大陸プレートのマントルの「根」の中、深さ六五〇キロメートルで生成された。こうしたダイヤモンドは大変貴重だ――私たちが入手できる下部マントルの唯一の天然サンプルなのだから。

こうした深部起源のダイヤモンドの炭素を分析することができる。同位体を調べてみると、意外なことに、炭素は堆積物としてかつて海底に堆積したもので、沈み込むスラブに載ってマントルに引きずり込まれたものであることが示唆された。ディープ・ダイヤモンドはブラジルとアフリカでも発見されており、研究者はそこにあるパターンを見いだした。発見場所はすべて太古の超大陸、ゴンドワナの端だった場所なのである。さあ、パターンが見えてきた。ゴンドワナの下にスラブが沈み込む際に有機炭素が運搬され、マントルの中で数百万年以上が経過するうちに、炭素がダイヤモンドに変わったのだ。だが、ユーレリアのものはもっと若く、三億歳程度とみられ、今後ダイヤモンドを探す場所に影響を与えるだろう。

ダイヤモンドを、ただ幅広い性質を持ち、組成が単純な立方体の炭素鉱物と考えていたら、要点を完全に見失う。金と同様にダイヤモンドは、材料科学や物理学以上のものである。それは星の破片、神々の涙だ。ダイヤモンドという言葉はギリシャ語のadamas（征服し得ない）に由来する。何世紀もの間、ダイヤモンドは宝石として最も珍重されてきた。そして、過去四十年間で研究が進み、その出生地――マントル――に関する驚くべき情報が明らかになってきた。

第14章　マントルの底で起きていること

ペロブスカイトは詳しく研究されているため、マントルの底の圧力でさらに変化が起こると考える科学者は少なかった。ペロブスカイトは高圧に抵抗できる理想的な最密充填構造――安定した究極的なケイ酸塩――であり、地球という惑星の主要な要素だと考えられていた。

今日、ＤＡＣを使えば、地球の核とほぼ同じ圧力（約三六〇ギガパスカル）を発生させられるが、決して簡単ではない。圧力をかけるとダイヤモンドとそれを支える金属の部品が変形してしまうのだ。ダイヤモンドは優れた熱の導体なので、試料を超高温で保つのも難しい。一九八四年、ある実験室で、誤った方向にレーザーが照射される事故が発生し、ダイヤモンドを溶かすことができると判明した。しかしそれでは都合が悪い。装置が壊れる可能性があるだけでなく、ダイヤモンドは非常に高価なのだ。実際、部品が爆発することが多いため、圧力実験の最中は、実験者は部屋の外に出ていなければならない。多くの研究所でＤＡＣが使用されるようになり、固体物理学者は凍結したガスや水、工業原料や珍しい混合物を入れて、物質の基本的な性質の研究を行っている。

ＤＡＣに微少な試料を入れて、地球の大規模な特性の調査を試みた研究者にまつわる面白いエピソードがある。一九八〇年代の初頭、彼らは金属鉄と数粒のケイ酸塩鉱物をダイヤモンドアンビルセルに入れて実験を行い、結果を発表した。深部マントルの温度圧力条件では、二つの物質が反応するという報告だった。スクリーンに映し出された拡大写真を指してこう言った。「さてここで、この鉄を地球の核のモデルとし、ケイ酸塩をマントルとするならば……」。すると部屋中の科学者から笑いが起こった。その試料は、全体で直径一ミリメートルほどしかなかったのだ。

ペロブスカイトが下部マントルの組成の最終的な解答だと思っていた人たちが受けたショックは大きかった。世紀が変わるころに、東京工業大学の廣瀬敬（ひろせけい）らがレーザーで加熱したダイヤモンドアンビルセルを使って、下部マントルの鉱物の系統的研究を開始した。圧縮された試料はSPring-8（スプリングエイト）と呼ばれる、日本にある巨大なシンクロトロン放射光施設に持ち込まれた。強いX線ビームを発生させることができるため、圧縮した試料を調べるのに理想的な施設だ。試料の結晶格子中に進入したX線（波長が短く高エネルギーの電磁波）は、途中で原子の列と反応する。反射したビームがあらゆる方向から出てきて、回折パターンと呼ばれる模様ができる。そのパターンを分析することで原子の配列を決定することができる。スプリングエイトはこのような研究施設としては世界最高クラスだ。ビームをたった十分間照射させるだけで、過去に使われていた弱いX線照射三百時間から得られるデータよりも多くのデータが得られる。だが、圧縮した試料を分析してみると、理解できない回折パターンが出現したため、単純な構成要素を別々に調べていくことにした。そして彼らは、ペロブスカイトの回折パターンが、一一〇〜一二〇ギガパスカルで完全に変わることを見いだした。

ポストペロブスカイトの発見

そして、二〇〇四年の四月に、ペロブスカイトからポストペロブスカイトへの遷移の発見という、ほとんどの研究者が予期していなかったドラマチックな発表が村上、廣瀬、河村、佐多、大石によってなされた。その発表に多くの研究者が驚き、なぜこうも発見が遅れたのか不思議がった。この発見の面白い点は、同じ構造を持つ鉱物相が四十年も前から知られていたのに、マントルの構造として可能だとは誰も思っていなかったことだろう。マントルの底付近の圧力で形成される鉱物、ポストペロブスカイトの発見は、深部で起こっている非常に不可解な現象を説明するのにちょうどよいタイミングだった。

マントルの底に存在する奇妙な領域を最初に識別したのは、ニュージーランド人のキース・エドワード・ブレン（一九〇一—七六）だった。彼は誰に言わせても数学の才能にあふれる子どもで、学校から家まで八キロの距離を自転車で帰る間に、宿題を頭の中で済ませてしまうこともしばしばあった。そして、多くの地球科学者と同じく、一つの地震によって彼の人生は変わった。一九三一年の二月、ニュージーランド大学オークランド・カレッジ［訳注：現オークランド大学］で数学の講師をしていたときに、ホークスベイ地震が起こった。死者は二五六人に上り、ニュージーランドの下に沈み込むスラブが滑ることによって生じた同国史上で最も被害の大きな自然災害である。「地図から消えた町、ネーピア」といわれるように、ネーピア付近の海岸地域は二メートルも隆起し、四〇平方キロメートルの海底が乾いた陸地になった。これは若き日のブレンに深い印象を与え、一生続く地震への興味の源泉になった。一九三一年から三三年の間はイギリス、ケンブリッジ大学のセント・ジョンズ・カレッジで過ごし、彼の言葉によれば、「サー・ハロルド・ジェフリーズから指導を受けるという、とてつもない幸運に恵まれた。彼は文字通り私を地上に引きおろし、純粋な数学的な運命から救ってくれた」という。

当時、地震の発生時刻と震央を決定するために使用されていた標準走時曲線は、ツープリッツによるものをハーバート・ホール・ターナーが改良したものだった。その走時表には、最大で二十秒もの誤差があることが知られていた。走時の計算は繰り返し作業だった。一セットの走時を使って地震の場所を割り出し、次にその走時セットの差を使って二つ目の走時セットを決める。そして、二つ目のセットを使って地震の場所を決定して新しい場所を得る、ということが延々と続く。この手の計算は面倒で時間がかかるが、機械式計算機の時代は特にそうだった。ケンブリッジ時代のブレンはまさにこのような計算作業を行っていた。「ブレンのエネルギーは見上げたものだよ」とジェフリーズは言っている。

よく知られているように、地球は完全な球体ではなく偏球で、極半径と赤道半径はそれぞれ六三五二キロメートルと六三七八キロメートルである。地震で発生した波が伝わる距離を計算する際には、このことを考慮しなくてはならない。走時表は球体を前提として計算されており、偏球の場合は異なるのだが、数秒ほどのちがいしかない。ブレンは、半径ごとの地球の密度の分布を決定しなければならなかった。この発見によって彼の名声は高まり、彼がいうところの「書き手をわくわくさせ続ける進展中の物語」になった。そして、一九四〇年にジェフリーズ‐ブレン標準走時曲線が完成した。その走時表は今でも地震を分析する主な研究所で使用されている。だが一九六〇年代になると、地域的なばらつきが発見されるようになった。震央から〇〜二〇度では、最大で六秒も標準走時曲線との差があることが観測された。

ブレンは一九三四年にニュージーランド大学オークランド・カレッジに戻り、一九四〇年にはオーストラリアに移って、メルボルン大学で数学の教授になった。そこで彼は有名な『地震理論入門（An Introduction to the Theory of Seismology）』を執筆した。彼の業績の一つは、地球内部の数理モデルを作ったことだ。一九三〇年代に着手したが、そのころ知っていたのは、地球には密度の高い鉄の核があり、厚い岩石質のマントルがそれを覆っているということだけだった。当時はコンピュータもなかったため、扱いにくい原始的な機械式計算機だけを使って、地球内部での地震波の曲がり方を説明するために必要な特性を計算した。彼は地球を連続する層に分けて、AからGのラベルをつけた。地殻がA層で内核がG層である。最初のモデルでは、下部マントルの底がD層だった。その後一九五〇年までに、下部マントルは明らかに異なる二つの層に分かれており、下の層は数百キロメートルの厚みしかないことをデータが示していると判断した。そして、数学の様式にならって、D層を〝D層（Dプライム層）と〃D層（Dダブルプライム層）に分けた。地殻、上部マントル、遷移層、下部マントル、外核、内核という大きな地球の区分は彼の体系にぴったり合う。薄い〃D層には個別の名前がつくことはなかったが、最近になって大きな注目を浴びることになった。

核実験と地震学

核実験の始まりは、地球科学者にとっては、地震波を得るために地震が起こるのをじっと待たなくてもよいということを意味した。一九五四年、マーシャル諸島のビキニ環礁で、連続的に核実験が行われた。シドニーの近くにあるリバービュー天文台に勤めていた天文学者で地震学者でもあったバークガフニ神父は、爆発からの地震波がパルス状に到達するのを発見した。神父とブレンは、四つの爆発の波がぴったり分刻みで分かれていることに気がつき、それは決まった間隔、たとえば分の始めに爆発させたもの以外にはないと主張した。そして、リバービュー天文台や他の観測所のP波の走時が、ジェフリーズ−ブレン標準走時曲線の一秒か二秒以内におさまっていることを示した。しかし、面白いことに、三つの観測所、南アフリカのプレトリアとキンバリー、そしてアルジェリアのタマンラセトでは、波の到達がはるかに早かった。現在では、核−マントル境界（ＣＭＢ）で波が屈折したためと解釈されている。

ビキニ環礁で爆発実験が行われたのは、ブレンが国際地震学・地球内部物理学連合の会長を務めているときで、核爆発が地震学で活用できる可能性にすっかり感心してしまった。一九五五年には、ロンドン王立協会の会長とワシントンとモスクワの科学アカデミーに対して、「地震学やその他の実験のために、国際地球観測年の間に、原子爆弾を一つまたは複数爆発させる」ことを提案する手紙を書いた。彼はまた、科学的な目的に使用できるように、爆発の情報は通知されるべきだと会長講演で訴えた。会議が終わる前に、これから行われる爆発を通知する電報がアメリカ原子力委員会の会長から届いた。

〝D層の神秘的な地震波の特性は、マントルは深部に行けば行くほど面白くなることを示していると考える研究者もいた。地震観測から得た情報と新しい波解析技術、ジオダイナミクス、地球化学が合体し、新しい見方が生まれるにつれ、その領域の姿が徐々に鮮明になっていった。最初のヒントは地震学からもたらされた。マントルの底から数百キロメートルの領域で、地震波の速度勾配が減少することが示唆された。その説は一九八〇年代初頭までに修正された。下にはまちがいなく何らかの構造が存在していた。CMBの上、二五〇キロメートルと一五〇キロメートルの間の領域で、速度の増大が見られるのだ。深みから、〝D層がゆっくりと姿を見せ始めたのだ。

マントルの底の岩石は、一三五ギガパスカルで圧縮されて白熱している。〝D層の像はまだはっきりしておらず、研究者の意見は分かれているが、その重要性に関しては認識が一致している。広く支持されている説では、スラブが地表からの長い旅を終えて落ち着く場所で、外核の縁には鉄-ケイ酸塩のスラグ（溶融した金属から分離して浮かんだかす）が集積されているという。また、〝D層はエネルギーの解放に関わっており、物質を地表に送り戻しているのではないかと考える研究者もいる——まるで地球サイズのラーヴァ・ランプ（本体の中を着色された液体が浮遊する照明）であるかのように！

第15章　暗黒物質

最後にみなさんがヒスイのペンダントやネックレスを見て、その美しさに心を奪われたのはいつだろう。深い緑色の準貴石がどこから来たのか、その素晴らしい物語をご存じだろうか。スラブが下降するに従い、温度と圧力が上昇して、海洋底の岩石に変化が始まるが、中でも、ナトリウムとアルミニウムが豊富で鉄に乏しい岩石は特別の方法で変成する。圧力は上昇するものの、スラブの温度はまわりのマントルよりも低いままなので、翡翠輝石の生成が可能になる。ときどきスラブが割れて、町ぐらいの大きさの巨大な破片が分離し、破片に含まれている新しく生成された翡翠輝石が生き延びて、マントルの岩石が溶けて上昇するときに、引きずられて上がっていく。そして数千万年後に、火山の山腹の溶融した岩石の中で発見されるのだ。現在、翡翠輝石が見つかる場所は地球上に十二カ所しかない。古代の中国では「天からの石」と呼ばれていた――まったくの見当ちがいだが。

スラブに乗って下降する私たちの旅に戻ろう。今、ちょうど遷移層に到達したところだ。ある科学者のグループが、太平洋のまわりで沈み込むスラブについて研究する際に、その一部が深さ六六〇キロメートルで滞留して動けなくなることに気がついた。エドワード・ガーネロはこう説明する。「マントル遷移層に到達すると、スラブの原子はより密な構造に再配列します。新しい構造のほうが密度も粘性も高くなります。スラブの幅が少し広がることもあります。そして、境界に横たわって動かなくなるものもあれば、そのまま落ちていくものもあります」。

急角度で下降するスラブは六六〇キロメートルのバリアを突破できるが、浅い角度で境界に到達する場合は、そこで滞留して水平に移動するという説もある。深さ六六〇キロメートルでしばらく水平に移動した後、下降を再開する場合もあるという。若いスラブはバリアを抜けられるが、古いスラブは滞留することを示唆する研究もある。たしかに沈み込み帯の地震学的イメージを見れば、深さ六六〇キロメートルや時には四四〇キロメートルで、下降の軌道が乱されていることがわかる。こうした挙動は、スラブの岩石の変化に関係するのかもしれない。これまで見てきたように、鉱物は圧力によってさらに圧縮された形体に変わり、それによってスラブの密度が最大で一六パーセントも増加し、地底への旅が再開される可能性がある。

深さ六六〇キロメートルからマントルの底までは、地震波イメージには別段何も見られない。スラブを追って地球の中心へと、のんびり不可避な旅を進めると、マントルの真ん中を通過する。そこは、上で見てきたよりも変化が遅い領域だ。だが、その静けさは一時的なものでしかない——私たちはすぐに、この惑星で最も重要で驚異的な、ほとんど解明されていない領域に到達するのだ。「スラブの下にあるものはすべて横に押し出されます。下降するスラブによってマントルに圧力がかかるので、通り道にあるものは押し出されるか一緒になって進むのです」とガーネロは言う。スラブは〞D層と核－マントル境界を目指して進んでいき、驚異的なものに出会うことになる。

彼はこう付け加えた。

「核-マントル境界は最も奇妙で、最も重要な場所の一つです。地球の暗黒物質と呼べるようなものが含まれているのです」。

第16章　巨大地震の活動期

アダム・ジウォンスキー（一九三六―）は、ポーランドのリヴィウ（現在はウクライナの一部）生まれのポーランド系アメリカ人の地球物理学者だ。彼は地震学の手法を用いて、地球内部の大規模構造の決定や地震の性質の解明に関して、将来に大きな影響を与える重要な貢献をした。カリフォルニア工科大学のドン・アンダーソンとともに、地球の深部を見る新しい手法を開発したのだ。「私は地球の深部をマッピングすることに研究生活の大半を費やしてきた地球物理学者です。二十年ほど前に、地表から最大で約一六〇〇キロメートルの深さまで三次元的に見ることができる方法を開発しました。現在その方法は、医療用トモグラフィーとの類似性から『地震波トモグラフィー』と呼ばれています。異常に熱い領域や冷たい領域をマッピングすれば、プレートテクトニクスの原動力が何なのかきっとわかるでしょう」。

科学者として歩み始めたころ、私はイギリス、マンチェスターの近くにあるジョドレルバンク天文台の電波天文学者として、巨大望遠鏡の操作の経験を積んだ。巨大望遠鏡の利点を生かす使い方として、複数の望遠鏡をつないで同じ宇宙線源を同時に観察するというのがある。それぞれの望遠鏡から得られたシグナルを合成すると、個々の望遠鏡で見るよりもはるかに細かく見ることができ、実際のところ、この仮想の望遠鏡のサイズはそれぞれの間の距離に相当する。個々の望遠鏡は地球の反対側に設置されていてもよい。これは信号処理の究極的な例だ。地震波トモグラフィーも本質的に同じ技法である。地震で発生した波の全データを使って、高速領域も低速領域もすべてのデータに合うような三次元イメージを作る。こうして見えてきた地球内部の新しい像は、衝撃的で難解なものだった。

ジウォンスキーは、地震波トモグラフィーを思いついた当時をこう振り返る。「私がグローバル地震学に興味を持ち始めたのは一九六七年のことで、フランク・プレスが、ランダムに生成した三〇〇万個くらいの地球のモデルから、観測に適合するものを五つ選ぶ方法を使うという話を聞いたときからでした。そうした五つのモデルはまったく異なるものではありましたが、もっとよい方法があるように思えたのです」。よりよいデータがその鍵を握っていることを彼は知っていた。一九六四年のアラスカ地震は、運用が開始されてまもない世界的な地震観測網で記録されたが、印画紙に記録されていたため、当時のコンピュータにデータを入力することはできなかった。そこで、コンピュータで分析できるように記録を数列に変換する二カ年計画が始動した。この賭けは大きく当たった。

情報は地震データの中に存在する。イギリス南部、ニューベリ郊外にあるケネットの工業地帯には、膨大な地震波の保管庫がある。私が国際地震センターを訪れたとき、P波とS波の秘密を読ませれば右に出る者はいないニュージーランド人のウェイン・リチャードソンが案内してくれた。そこでは、入手可能な地震波のデータがすべて監視され、照合されている。毎日電子メールで届く新しいデータは、登録および評価されて、P波とS波、震源、そして地球上の各観測所に到達した時刻の最終的な記録が作られる。最初のころは、年間約一万回の地震について、世界約一〇〇〇カ所の観測所での到達時刻が報告されていたが、その後、地震の数も観測所の数も増加している。リチャードソンが保管室を案内してくれた。そこには会報、書籍、定期刊行物が保管されており、そのすべてに地震データが含まれている。古い記録、紙のメモや手紙が、デジタル形式に変換されるのを待っている。そこかしこに箱があり、ロシア、インド、アルゼンチン、イラン、ボツワナ、これらはほんの数例にすぎないが、地球上のほぼすべての国の数十年前までさかのぼる記録がしまわれている。世界中のどこを探しても、地球の揺れの記録が大量に保管されている場所は、ケネットの国際地震センター以外に存在しない。

それらの記録を見ると、最初は不可解に感じるが、ある現象が浮かびあがる。一九六四年のアラスカ大地震の後、小康状態が四十年間続いてから地震が再発している。二〇〇四年以降にスマトラ、チリ、ハイチ、日本で大被害をもたらす地震が相次いで起こり、一九六〇年代初頭のように、私たちは今、地球規模で群発する「巨大地震の活動期」を経験しているのではないかという推測につながる。大きな地震が互いに誘発しあう可能性を指摘する研究者さえいる。一九六〇年代と二〇〇〇年代の群発が顕著なものだったのかどうかを知るために、研究者は過去百年間に起こったマグニチュード八・三以上の地震の発生時期を調査した。

巨大地震が起こったタイミングは、偶発性で説明できるかもしれない。

面白いことにいくつかの研究では、小さな地震が地球的な距離で互いに連動しているように見えることが示されている。大きな地震の後には、世界中で常時微動が多発するものの、理由はわからないが、大きな地震には発展しないようだ。なぜある地震は大きくなり、他はそうではないのか、さらによく研究する必要がある。

地震波トモグラフィー

大きな地震には地球を落ち着かせる効果がある可能性を示す証拠がある。二〇一二年四月十一日に起こったスマトラ島沖地震は、横ずれ断層、つまり水平に動く断層による地震として史上最大のものだった。米国地質調査所によると、このマグニチュード八・六の揺れによって、世界中で最大六日間にわたって地震が引き起こされた。だが、誘発された地震がいったんおさまると、三カ月以上も中規模地震の発生が著しく減少し、科学者を驚かせた。マグニチュード六・五以上の地震が九十五日間も起こらなかったのである。通常その規模の地震は十日に一回起こる。九十五日間も起こらない確率は一万分の一以下だ。スマトラ島沖地震の異常にエネルギーの高い地震波が、遠く離れた断層のストレスを減少させ、地震の発生を遅らせた可能性が考えられている。

ジウォンスキーは、地表近くのさまざまな場所を縦横に伝わり、地球内部のさまざまな深度に達する経路の走時データが大量にあれば、三次元モデルを作れるのではないかと考えた。

これが「地震波トモグラフィー」であり、概念上は医療用のCTスキャンに似ている。ジウォンスキーは最初の結果を一九七四年と一九七五年の会議で報告し、科学者は雑誌での正式な論文発表を待ちわびた。そして、科学雑誌『ジャーナル・オブ・ジオフィジカル・リサーチ』のある号で、地球の内部に関する私たちの見方ががらりと変わることになった。

ジウォンスキーとアンダーソンは深部に存在する「壮大な」四つの構造を発見した。その中には波の速さが平均よりも速い二つの領域が含まれ、その正体は沈み込む冷たいマントルだと推測されている。一つは南北アメリカ大陸の西端の下に存在し、もう一つはユーラシア大陸の南部の下にある。速度と密度を見ると、アフリカと太平洋の下には、ねじれ波が低速で、密度が平均より高い二つの広い領域がある。アフリカの領域は核–マントル境界の上にそそり立っているが、太平洋の領域は若干低い。その二つが核–マントル境界の半分を覆っている。専門的には巨大低速度領域（LLSVP）として知られているが、地球科学のパイオニアである二人の科学者、ウィリアム・ジェイソン・モーガンとツゾー・ウィルソンの名前にちなみ、「ツゾーとジェイソン」とも呼ばれている。

「ツゾーとジェイソン」は実に巨大な構造で、幅がそれぞれ一万五〇〇〇キロメートルあり、核–マントル境界の上に五〇〇〜一〇〇〇キロメートルそびえ立っている。それはまさに地底の大陸だ。最近の研究から、この構造は太古のもので、地球がまだ若いころ、四四億年前に形成された可能性があることがわかってきた。マントルの底にある他の物質とは組成も温度も異なるため、地震波の経路が変わる。そのまわりに〝D不連続面がある。高くそびえる「ツゾーとジェイソン」の山腹をポストペロブスカイトの領域が囲んでいる風景を想像する研究者もいる。「ツゾーとジェイソン」の端には、五〜四〇キロメートルのマントルの岩石からなる層が局所的に存在し、地震波に与える影響から、超低速度層（ULVZ）と呼ばれている。この領域からの地震反射の中には、幅が一〇キロメートルほどしかない小さな構造の存在を示唆するものもある。部分溶融した領域、または沈み込んだスラブの残骸とも推測されている。アースコープ・USアレイ（EarthScope USArray）という、全米各地に設置された四〇〇以上の地震計からなるネットワークで得られた最近のデータからは、核－マントル境界の上に、最高一〇〇キロメートルものマントル岩石の隆起があることがわかった。「ツゾーとジェイソン」の境界は明瞭なようで、そこで物質が跳ね返される、つまり、核－マントル境界に向かって落ちてきた物質が再び上昇するのではないかと推測されている。

第17章　岩石の循環

地球内部で物質の循環が起こっていることに疑問の余地はないが、その詳細や要する時間については熱い議論が交わされている。スラブが地球の内部に沈み込むのなら、何かがかわりに上がってくるはずだ。だが、それはどこから来るのだろうか。中央海嶺の表面から上がってくるだけなのか。火山のように地表のすぐ下か。はたまた、さらに深い領域からくるのだろうか。降りていくものはわかっているが、上昇してくるものについてはどうなのだろう。

南太平洋、クック諸島の南端に位置するマンガイア島で、二〇〇〇万年前に噴火した岩石を調べると、場所によって地殻のすぐ下にある溶融した岩石の組成が異なることがわかるが、ある解釈によれば、マントルの組成がかつて地表にあった地殻のせいで不均一であるためだとされる。この地域のマントルを詳しく調べてみると、さらに興味深い事実が浮き彫りになる。光合成生物が大気を酸素で満たす前、およそ二五億年前に地上にあった物質の痕跡が見られるのだ。また、ハワイの火山、マウナロア山の分析では、沈み込むスラブに乗って地球内部に引きずり込まれた堆積物の構成物質が、溶岩に含まれていることが示されている。多くの地域に同じことが当てはまる。岩石は循環しているが、いったいどのように循環するのだろうか。スラブはマントルの底にある「墓場」に達した後、再び物質が上昇する。その上昇はスーパープルームによって起こると考える研究者もいる。

アイスランドは地球上で最も火山活動が活発な国の一つだ。アイスランドは拡大中心で分断されている二つの構造プレートの上にまたがっている。だが、その火山活動は、拡大領域の上に位置することから予想される以上に激しく、熱い岩石がかなりの深さから上がってきているとみられる。島の地下には、上昇するスーパープルームが存在するともいわれている。

「ツゾーとジェイソン」の明瞭な境界で起こっている何らかの現象によって、岩石が下部マントルを通過して上昇し、場合によっては地表まで上がってくると考えられている。火山の研究から、こうしたことが起こっている可能性を示す手がかりが得られている。これまで見てきたように、世界の火山の約九五パーセントは構造プレートの境界付近に位置する。沈みゆくスラブから絞り出された水によって岩石の溶融点が下がり、溶けた岩石が地表まで上がってきて火山が形成されるからだ。だが、別の種類の火山も存在する。その他の五パーセントは、いわゆるマントルプルームとホットスポットが関係しているとみられる。マントルプルームは熱と岩石、またはそのどちらかが地表に向かって上がってくる領域だ。ホットスポットはそれが地表に到達した場所のことである。マントルプルームが実在するかどうかについて、地球物理学の分野では激しい議論が続いている。興味深い説だけあって、まだ決着がついていない。

ホットスポットの役割

一九六〇年代、プレートテクトニクスの父のひとり、ツゾー・ウィルソン（一九〇八―九三）は、海洋島に関してある重大なことに気がついた。彼は太平洋海盆の地図に三本の火山列と海底火山（海山）の列があるのを見つけた。それらは数千キロメートルにわたって散らばっていたが、平行に並んでいたため彼の目を引いたのだ。入手できる限りのデータを照合してみると、面白いパターンが浮かびあがった。それぞれの列では、島が南東に向かって徐々に若くなり、南東端に活火山があった。一見するとハワイ-天皇海山列は、今まで見てきた沈み込み帯付近の火山と似ているように思うかもしれない。だが、この火山の列は、ハワイに向かってどんどん若くなる。おそらくホットスポットがあり、構造プレートに乗ったハワイがその上を通過して火山が形成されたが、離れていくに従って火山活動が弱まったということだろう。

ホットスポットの存在は、一九七〇年代始めまでに受け入れられるようになった。そして、一九七一年には、ウィリアム・ジェイソン・モーガン（一九三五―）が、さらに重要な役割を提唱した。ホットスポットは、マントルの深部から上がってくる物質からなる熱くて細いプルームに起因すると彼は唱えた。プルームはリソスフェアの底に到達するとガスバーナーのように広がる。中央海嶺に沿ったものや、ハワイやイエローストーンのように構造プレートの中に存在するものなど、独立したホットスポットが二〇個存在すると主張した。マントルプルームはきのこのような形だと考えられている。溶融した岩石の細い筒の上に球根のような形の頭がついている。

だが、すべての研究者がマントルプルーム仮説を信じているわけではない。マサチューセッツ工科大学の地震学者、チン・カオらは、地震波を使ってハワイの真下を調査したが、マントルプルームの頭を検出できなかったと主張している。かわりに発見されたのは、幅約八〇〇〜二〇〇〇キロメートルの、彼らが呼ぶところの熱的異常で、それが火山の源だという。火山がそこにあるのは、下部マントルの上部に熱い物質の巨大なプールがあるためで、下部マントルの底から熱い物質が上がってくるからではないとしている。

ハワイは世界で最も活発なホットスポットの上に位置するが、もしそれがプルームだとすれば非常に厄介な代物だ。地震波データを使ってできるだけ詳しく調べてみると、プルームかもしれないものの中に、リソスフェアの底のほうの、予想よりもはるかに深い場所に予期せぬ膨らみが見られる。解釈の一つとして、もしプルームにエクロジャイトという鉱物がふんだんに含まれていれば、エクロジャイトは他のマントルの物質よりも密度が高いため、深さ約四〇〇キロメートルで滞留し、水平に広がるはずだといわれている。そして、エクロジャイトに富む岩石は、次第に細いプルームとして上昇できるだけの浮力を得る。可能性はあるが、プルームに関しては誰もたしかなことは言えない。また、ハワイの下では、地表から一一〇〜一五五キロメートルの深さに温かいプールと思われるものが検出されているが、直下ではなく、本島の西、一〇〇キロメートルにその中心があるようだ。おそらくハワイのプルームは、地表に近づくにつれて曲がっているのだろう。

二億年後に大絶滅か

また、RHUM-RUMと呼ばれる独仏共同の実験では、プルームがあるとみられるインド洋のレユニオン島の地下が調査されている。レユニオンはマダガスカルに近く、アフリカ南部にも比較的近いという利点から、地震計を設置するのが容易だ。四〇〇万平方キロメートルを超える海底に六〇個近い地震計を配置し、陸上にも三〇個設置するこのプロジェクトは、マントルプルームの探査計画としては最大のもので、地殻から核に至るマントルの全領域の像を得ることを目的としている。数年分のデータが得られたが、分析はまだ進行中だ。

流体運動の理論を使って、きのこ型のマントルプルームのサイズや発生を予想することができる。直径二〇〇〇キロメートルのきのこ型のマントルプルームは、核-マントル境界から地表のすぐ下まで約九億年かけて上がってくる。その数は約一七個と見積もられている。また、プルーム仮説は、液体を満たした小さなタンクを用いた室内実験によって最初に提案されたもので、実験で生成されたプルームがはるかに大きなマントルプルームの仮想モデルとして使用された。それ以降、プルーム仮説の研究が続いている。こうした実験から、プルームは二つのパーツからなると予想されている。つまり、底からつながっている細長い筒と、上昇とともに拡大する球根状の頭だ。球根状の頭が形成されるのは、プルーム自体の上昇よりも熱い物質の上昇スピードが上回るからだ。一九八〇年代後半から一九九〇年代初頭には、熱的モデルによる実験で、球根状の頭が拡大するときに、周囲のマントルの一部が一緒に運ばれることが示された。

プルームがリソスフェアの底に到達すると、そのバリアに対してべったり広がり、減圧されて溶融することが予想される。それによって、大量の玄武岩質マグマが生成され、地表で噴火する可能性があるが、もしそれが起これば大惨事に至る可能性を示す証拠がある。

インドのデカン高原にあるデカントラップは、地球上で最大級の火山地形だろう。トラップという言葉は、スウェーデン語で「階段」の意味を持つtrappまたはtrappaに由来し、この地域で見られる階段状の丘を指している。デカントラップは五〇万平方キロメートルに広がり、厚みは二キロメートルを超え、その岩石の体積は五〇万立方キロメートルに及ぶ。完全に溶けた岩石が数回の噴火で地表に噴出したとされている。想像してみてほしい。インドの半分の面積がマグマに覆われ、六〇〇〇万～六八〇〇万年前の間に、三万年も続く破壊が起こったのだ。大量の火山性ガス、特に二酸化硫黄が放出されて、気候が大きく変動したとみられ、世界の気温が二℃低下したというモデルもある。マントルプルームが噴火すると、このようなことが起こると考える研究者もいる。この破壊をもたらしたプルームは、現在徹底的な調査が行われているレユニオンのホットスポットから来たと考えられている。レユニオンの下にあるとみられるマントルプルームは、明らかに火山活動の痕跡を残しており、その痕跡は北に五五〇〇キロメートル続いてデカン高原に達している。

これはデカントラップに限った話ではない。似たような痕跡がシベリア、南アフリカのカルー・フェラー玄武岩、南極、南アメリカのパラナ玄武岩とアフリカ南西部のエテンデカ玄武岩（この二つは南大西洋が開いて分離した）、そして北アメリカのコロンビア川玄武岩にある。海の洪水玄武岩［訳注：大量の玄武岩質溶岩が大陸内で噴出して形成されたと考えられる大規模な岩体。台地玄武岩とも呼ばれる］は海台として知られ、南太平洋のオントンジャワ海台、インド洋のケルゲレン海台などがある。このような大災害はよくあることで、地質学的な長い時間の中では日常茶飯事だ。このうち一一の噴火は過去二億五〇〇〇万年間に起こっており、多くが大量絶滅の時期と重なっている。

プルームの問題を解く鍵は、相も変わらずよりよいデータにある。そのためには、さらに多くの地震計を地表に設置しなければならない。そうした試みがアメリカ、ワイオミング州のイエローストーン国立公園などで行われている。イエローストーン国立公園は、過去数百万年間に起こったいくつかの大規模な火山噴火の原因とみられるマントルプルームの真上に位置すると考えられている。前述したアーススコープUSアレイと呼ばれるプロジェクトでデータが収集されている。アーススコープは地震計を七〇キロメートルの正方格子に一時的に配置し、過去十年間にわたって全米を移動しながら観測を行ってきた。この計画によって「イエローストーン・プルーム3」と呼ばれる構造が明らかになり、マントルの深部、少なくとも九〇〇キロメートルの深さから熱くて細長い上昇が起こっていることが示されている。

ここで大きな疑問がわいてくる――私たちはこの先、大絶滅を目撃することになるのかどうかということだ。プルームを見て、そうなると信じる科学者もいる。原因となりそうな構造が太平洋の南西部、フィジー・トンガ沈み込み帯の近くで発見されているのだ。その構造は地下七〇〇キロメートルに存在し、巨大な熱的異常を示しており、上昇している可能性がある。これによって地球は、人間が住めないような環境になってしまうかもしれない。地表に到達するのは二億年後と推測されている。

その動きは高感度の装置で感知することができる。インド洋の真ん中に向かって航行すると、私たちの体重はほんの少しだけ軽くなる――本当に微々たるものだが。他の場所に比べて重力がわずかに小さいからだ。高感度の装置によって、太平洋の北東部とロス海でも同じような重力の減少が検知されている。このわずかな重力の減少は、地表を離れ、奥深くへと沈み込む密度の高い海洋スラブによるものかもしれない。しかし、地球の重力場には、密度の低い物質からなるプルームの上昇に起因するくぼみのほうがより多くあるようだ。

第18章　地球探査とニュートリノ

一八六二年に著名な物理学者、ウィリアム・トムソンが地球の年齢を計算した。トムソンは、生まれたての地球は非常に熱かったが、形成以降は冷却されていると考えた。「もちろんこの地球は、数百万年程度前には赤熱の球だった」。彼の一八六四年の推定は固体の冷却速度に基づくもので、その年齢は二〇〇〇万～四億年と見積もられた。一八九七年には、トムソン（当時は「ケルヴィン卿」になっていた）は、二〇〇〇万～四〇〇〇万年という結論を出した。これでは進化が起こるには短すぎるし、地質学者にとっても時間が足りない。彼の元助手のジョン・ペリーは、固体の地球ではなく、対流によって熱が移動する地球を想定し、一〇億年と見積もって一八九五年に論文を発表した。生物学者にとっても地質学者にとってもましな年齢となったが、彼の研究は日の目を見なかった。

一九〇三年にある種の放射線が発見されたことにより、ケルヴィン卿本人が出席する講義の中で、アーネスト・ラザフォードがより古い年齢を主張した話はよく知られている［訳注：一九〇〇年にフランスのヴィラールによって新しい種類の放射線が発見され、一九〇三年にラザフォードによってガンマ線と名付けられた］。ラザフォードは後にこう書いている。「見よ！　先人が私に向かって微笑んだではないか」。

放射能は地球に不可欠なもので、地球が放出する熱の約半分を占める。そのプロセスの副産物の一つがニュートリノだ。ニュートリノは驚くべき粒子で、物質とはほとんど反応しない。放射性崩壊で失われるエネルギーを整理するために初めてその存在が予想され、一九五六年に発見された。ニュートリノはある種の放射性崩壊や核反応で生成される素粒子で、特に太陽の中心で生成されている。太陽の中心の核融合炉で発生する熱エネルギーは、そこから抜け出すのに五〇万年かかるが、核反応で生成したニュートリノは瞬時に抜け出し、太陽があることすら気にもとめずに瞬く間にどこかに行ってしまう。出現するニュートリノの地図があるため、今現在も太陽がエネルギーを作っていることがわかるのだ。ニュートリノはいたるところに存在する。太陽からやってきた一平方センチメートルあたり六五〇億個のニュートリノが、太陽に面している側から私たちの中に入って通り過ぎるが、何の害もない。太陽起源のニュートリノの他に天の川銀河で起こった星の爆発に由来するニュートリノ、そして地球深部からのニュートリノなどが検出されている。

地球ニュートリノは、地球内部の放射性崩壊で発生するすべての熱の九九パーセントを占めるカリウムとトリウムとウランの放射性崩壊で生成される。これらを地球の探査に使うことはできないだろうか。一九八四年にローレンス・クラウス、シェルドン・グラショー、デイビッド・シュラムが論文を発表して、地球ニュートリノフラックスの推定を示し、その検出に関するコメントも加えた。二〇〇五年には日本のカムランド（神岡液体シンチレータ反ニュートリノ検出器）によって、地球ニュートリノが実際に検出された。一〇〇〇トンもの鉱油が入ったタンクを通過するニュートリノが観測されたのだ。この装置はすべて鉱山の立て坑に設置されている。タンクのまわりに設置した光センサー群で、ニュートリノが鉱油を通過して発した光をとらえる仕組みだ。一三メートルのタンクを、すでに述べたとおり、一平方センチメートルあたり六五〇億個のニュートリノが通過する。百四十五日間の実験では、ニュートリノは四五個しか検出されなかったが、有意義な結論を導くのに十分な数だった。二〇〇五年、観察開始から七百四十九日で一五二個のニュートリノが見つかり、そのうち二八個が地球内部に由来するものだった。二〇一一年にデータが更新され、二千百三十五日間で八四一個が検出され、そのうち一〇六個が地球に由来していた。二〇一〇年には、イタリアにある別のニュートリノ検出器でも地球ニュートリノが検出されている。

ニュートリノを新しい地球探査の道具だと考える科学者もいる。ニュートリノのデータが地球の起源、組成、熱収支など、好奇心をそそる疑問に答えを与えてくれる可能性があるのはまちがいない。地球を研究する目的でニュートリノ観測所を設計するなら、まずは大陸地殻から離れたところに作る必要がある。地殻は地球の質量のわずか〇・三四パーセントにすぎないが、地球の放射能の四〇パーセントを占める。要するに、ニュートリノ検出器はハワイ付近など、大陸地殻からできるだけ離れた海底に設置しなければならないということだ。また、地球の内部から来るニュートリノフラックスは、一平方センチメートルあたり一〇〇万個程度と見積もられている。これは太陽から来る数よりはるかに少ない。つまり、これが意味するのは、将来、海底に設置されるニュートリノ検知器は、極めて少ないニュートリノをとらえられるように巨大なものでなくてはならないと同時に、どの方向からやってきたのかがわかるものでなくてはならない。素晴らしい構想ではあるが、すぐに実現するとは思えない。

さてここまで、マントルが活発な地殻と驚くべき核を隔てる単なる退屈な場所ではないことを見てきた。そこには不可欠な情報が隠されており、固有のリズムがある。マントルは地表の長期的な活動を制御し、離合集散の五億年のサイクルを持つ大陸移動の駆動力となっている。物質は循環し、地表からマントルの底に達して再び上昇する。内部には大陸サイズの神秘的な構造が存在し、生命が発生して生き延びていくのに必要な状況を作る役割を担っている。

空想上の私たちの旅は、今、マントルの底にたどり着いたところだ。地殻からマントルの底まで二九五〇キロメートル旅してきたが、中心まではまだ半分以上の距離がある。さらに三三〇〇キロメートル進まねばならず、まもなく岩石の世界を後にし、地球で最も驚異的な境界、ドラマチックな景色の変化を体験することになる。地球内部に存在する、火星サイズの驚異の世界が私たちを待っている。だがその前に、三百年以上前に行われた大胆不敵な大航海に参加することにしよう。

第19章　地球の核についての論争

「まわりを見ると、見渡す限り海だった……そして彼は、世界の内側に存在するもう一つの世界にたどり着いたことを悟った」

ジュール・ヴェルヌ

次に進まなければならないのは外核だ。そこは岩石の中を下降してきたこれまでの旅で遭遇した場所とは似ても似つかない。マントルと内核の間に閉じ込められた液体金属が、流れたり渦巻いたりしているが、その影響は地球そのものをはるかに超えている。

地球から太陽に向かって一五〇万キロメートルの地点では、太陽を監視できるように、安定軌道上で三つの衛星が運用されている。そこはラグランジュ点と呼ばれ、重力が釣り合っており、燃料をあまり消費せずにほぼ定位置にとどまることが可能だ。衛星の一つ、ＳＯＨＯ（太陽・太陽圏観測衛星）は、一九九六年からその場所で太陽の表面を監視し、太陽が投げつけてくるかもしれないあるものを見張っている。ＳＯＨＯは二〇〇四年に定位置に到着したＷＩＮＤ探査機と、太陽からの高エネルギー粒子の調査用に設計されたＡＣＥ探査機とともに、ときどき怒りっぽくなる太陽を監視して、荷電粒子の嵐が地球に向かう際に、事前に備えられるように警報を出す。そのような嵐は、一八五九年や一九八九年のように、地球に被害をもたらす可能性がある。

太陽風やときどき起こる大規模な擾乱（じょうらん）は三人の歩哨をやりすごして、地球の防衛ラインに向かって進んでくるが、地球のまわりには遠く離れたところに磁気のバリアがあり、太陽や宇宙からやってくるほとんどのものから私たちを守ってくれる。もしこのバリアがなければ、地上で生物が生き延びることはできないだろう。地表は太陽フレアからの強烈な放射にさらされてしまう。月は磁気のバリアに守られていないため、二〇〇五年のある特定の日に、もし宇宙飛行士が船外活動を行っていたら、致死放射線量を浴びることになったはずだ。さらに、もし磁気による保護がなければ、太陽風、つまり太陽からくる絶え間ない粒子の流れに長時間さらされることによって地球の大気ははぎとられてしまうだろう。火星は早い時期に磁気のバリアを失ったため、太陽風によってほぼ完全に大気がはぎとられ、生命の存在しない星になったと考えられる。磁気圏という保護がなければ、地球も同じ運命をたどっただろう。

磁気圏は宇宙に向かって広がっており、太陽側へはいわゆるボウショック――太陽から押し寄せてくるものが部分的に押しとどめられる場所――まで六万四〇〇〇キロメートル、反対側へは長くのびた磁気圏尾部を伴って六〇〇万キロメートル以上広がっている。この構造は地球よりもはるかに巨大で、少なくとも三四億年間存在してきたようだ。だが、この生命を守ってくれるバリアの最も驚くべき事実は、地球内部で生み出されているということだろう。外核の金属の流れによって発生したものが、岩石や大気を超えて広がっているのだ。私たちは地表、光、炭素やエネルギーから作られた生物だが、地球の核の所産でもある。

固体か液体か

すでに見てきたとおり、地球の構造を知る上で、地震学が主要な方法であることにまちがいはないが、方法はそれだけではない。その一つは、太陽と月が潮汐という形で地球に与える影響を調べることだ。潮汐は水に限られたものではない。月と太陽は空を移動するように見えるが、その動きに従って、重力で引っ張られて地球は卵形になる。剛性の高い地球は抵抗するので、その歪みを研究すれば、地球の強さに関する重要な情報、特に上部マントルの性質を知ることができる。グーテンベルクは剛性率を決定する六つの方法を用いて、地球の剛性率は非常に高いという結論を出した。知名度の低いロシアの科学者、レオニード・レイベンゾン（一八七九―一九五一）は、非剛体または液体の核を提唱した初めての人物だ。彼は、地球の外側の層（現在はマントルと呼ばれている部分）の厚みは地球の半径の三〇～五〇パーセントと計算した。だが、彼の一九一一年の論文はほとんど見向きもされなかった。そして、オールダムが核の存在を決めるために初めて地震データを使い、震央距離が一二〇度以上のところにS波の分布の陰があることに気がついたことを私たちはすでに見てきたが、彼はなかなか確信を持てずにいた。というのも、地震波の陰（シャドーゾーン）には、彼の仮説では簡単に説明することができない地震波がいくつか見られたのである。その後、グーテンベルクは、核が液体であることを認めるのにかなりの時間を要したが、地震波の速度は地表から二九〇〇キロメートル下、中心まで約半分の地点で明らかに変化すると推測した。一九一四年にオールダムは、地震波の陰で見られるのはS波ではなく、地表で反射された波である可能性をよみがえらせた。おそらくそれは液体なのだ。だが、誰も納得しなかった。

地球の中心部が固体か液体かという論争は以前からあったが、信頼できるデータに基づく議論はこれが初めてだった。実際、十八世紀には、地球は完全に固体なのかそれとも液体の核が存在するのかという激しい科学論争が起こり、固体派が勝利した。一九〇九年には、ロンドン地質学会の会長が、「したがって、太古から続く、二転三転して長期に及んだ論争の結果、ようやく固体地球（terra firma）は非常に硬い固体地球（terra firmissima）であるという結論に達した」と宣言した。ケルヴィン卿が「地球は鋼のように硬い」と唱えると、その説が科学界を席巻した。十九世紀の終わりには議論は膠着状態になった。イギリスとアメリカの科学者は地球を固体とみなしていたが、ドイツの科学者は確信を持てずにいた。たとえばヴィーヘルトは、地球内部の密度の原因を岩石の重みによる圧縮とする説を信じていなかった。中心部の物質は高密度にちがいないが、それが何なのか、また、どのような形態なのか、彼にはわからなかった。

ヴィーヘルトの説をよそに、大半の地震学者は、地表から二九〇〇キロメートルの深さで見られる速度の変化は、固体から液体への変化に起因するものではないと考えていた。地球は固体で、中心に向かって徐々に鉄が多くなるのが原因だと信じていた。地球が完全に固体であることを示す一連の証拠があったのだ。当時の物理学者には、圧力が増すと多くの物質の融点が高くなることがよく知られており、地球内部は高温であっても、高圧であるがゆえに、あらゆる物質が固体であると考えられていた。また、放射能の発見によって、内部は深くなるほど熱くなるとは限らないという説も出てきた。地殻のすぐ下の熱は放射能によるもので、「深くなるほど熱くなる」という一般的な傾向を示すものではないかもしれないと彼らは主張した。しかし、議論が交わされている間も、地球内部の秘密は地震データにしっかり表れていた――ただ、先入観のためにそれを解釈するのは難しかったのだが。S波は核を通過しないというオールダムの解釈は決定的なものではなかったし、核は固体であるとグーテンベルクは確信していた。一九二五年ごろまでに、S波が核を通過しないことが明らかになったが、それでも大半の地震学者は固体だと信じ込んでいた。こうした膠着状態は、一九二六年にジェフリーズの論文、『地球の中心核の剛性について(The Rigidity of the Earth's Central Core)』によってほぼ解消されることになった。彼の議論はS波が核を通過するか否かには基づいていなかった。彼が述べたのは、太陽と月が引き起こす固体地球の潮汐によって決定される地球全体の平均剛性率よりも、マントルの剛性率が高いということだった。したがって、マントルの下には剛性率の低い物質がなくてはならず、S波のデータと合わせると、それが液体だという説得力のある証拠であると主張した。だが、それは本当に鉄なのだろうか。地震学者たちの安堵のため息が聞こえてきそうだ。

鍵となる液体鉄

証拠はそこにあったのに、またしても回り道をすることになった。十九世紀後半には、地球全体の質量を計算することが可能になり、その平均密度は水の五・五倍、地表の岩石の二倍であることが判明した。鉄は豊富に存在し、高い密度を持つことがわかっており、さらに、隕石の多くが鉄でできていることから、地下に大量の鉄が存在する可能性を考えるのは合理的なことだった。原子の構造の第一原則が究明される前、それはたった百年ほど前のことなのだが、物質をどれだけ圧縮できるのかは不明だった。だが、一九一一年にラザフォードの原子模型が発表されると、今まで想定されていたよりもはるかに圧縮できるのではないかと考える研究者がでてきた。すぐに天文学者からはそうしたことが星々で起こっている可能性があるという声があがり、さらに、太陽の主成分は水素で、鉄は極少量しか存在しないということが示された。もしそうであれば、地球が太陽の大気と同じ物質から形成されたのなら、核にはあまり鉄が存在しないのかもしれない。実際、一九四一年には、スイス人のウェルナー・クーン（一八九九—一九六三）とアルフレッド・リットマン（一八九三—一九八〇）が、地球には大量の水素が含まれていると唱えた。そして、一九四八年にはウィリアム・ラムゼーが、地球は地殻と似た物質から形成されたもので、密度の高い液体が内部にあるかもしれないが、鉄が大量にあるとは限らないと主張した。だが、他の説が一つ一つ消えていっても、中心に鉄が存在するという説は残った。さらなる計算で、実際には鉄だけでは密度が高すぎるが、軽めの元素、たとえばニッケルと組み合わせれば数字が合うことが示されたとき、ようやく鉄が唯一の解答と見なされるようになった。一九五七年、ジェフリーズの研究から三十年後、ようやくグーテンベルクは、核は液体であると公に発表した。

地球の中心への旅で通る最大の境界は、大気（空気）と地表（岩石）との境界ではない。もちろんそれも大きなジャンプではある。だが、最大の境界は下部マントルから外核、つまり固体から液体への遷移である。想像上のカプセルに乗ってこの境界を通過することを考えてみよう。はたして急激な変化を経験するだろうか。この遷移がどのくらい明瞭なのかは議論が続いている。外核の液体鉄はマントルのケイ酸塩岩と非常に反応しやすいため、液体鉄の一部がマントルに浸透していると予想される。高圧実験で示唆されているように、鉄がケイ素と酸素と反応しているかもしれない。もしそうだとすれば、その物質はまわりのマントル物質よりも重いため、底のほうにとどまるだろう。一部は再びマントルに組み込まれるが、残りは巨大低速度領域（ＬＬＳＶＰ）に押しやられて、私たちが遭遇した超低速度層（ＵＬＶＺ）を形成するだろう。

　これらのことは、マントルと核の遷移が少しぐちゃぐちゃしている可能性を示しているが、どのくらい深いのかは不明だ。白熱した下部マントルの岩石の中で、私たちのカプセルは境界の真上で軌道制御し、そこから数十メートル降下して外核の液体金属に突入する。内核に向けて少しずつ潜っていくときに、この溶融した鉄が透明だと想像してみよう。来た道を振り返ると、自分が今、巨大な岩石の球の内部にいることがわかるはずだ。近づいてみると、半径三四八一キロメートルの巨大な球体の内側であることを示すものはなく、巨大な壁にしか見えないだろう。地球の核は火星よりも大きく、さらに馴染みのない世界だ。体積は地球の六分の一しかないが、質量は三分の一を占め、液体であり、密度は高いが粘性はない。超安全手袋を着用していれば、水の中のようにひらひらと手を動かすことができるだろう。

　この液体──溶融した鉄とニッケルと少量の元素──こそが、地球の性質に重大な影響を与え、宇宙の厳しさから私たちを守ってくれる。マントルについては、沈み込みのサイクルのある側面が、地表の生命に重要なものである可能性が議論されているが、液体の核については疑いの余地はない。外核がなければ、生命が生き延びられないのはたしかだ。その液体の動きによって偉大な保護者、地球の磁気圏が生じているのである。

第20章　磁気に引きつけられて

エドモンド・ハレーと聞くと、ハレー彗星を思い浮かべる人が多いだろう。だが、その彗星の回帰の予想は、彼の重要な科学的功績のほんの一部でしかない。ハレーは王の命を受け、初めて組織された科学調査隊とともに、世界の果てまで航海した。

経度と磁針偏差の理解を深めることを目的とした探検を開始するにあたり、国王陛下はパラモア号を喜んで貴下に貸与する。船には完全に要員が配置され、装備が調い、食料も十分に積み込まれている。前述の探検に出発することをここに命じる。したがって貴下は、以下の指示に従ってただちにパラモア号で出発すること。

全力を尽くして赤道の南に進み、南アメリカの東海岸とアフリカの西海岸を調査し、できる限りの正確さで磁針偏差を調べること。また、寄港する港の経緯度を調査すること。

最初の探検は一六八八年の十一月に開始されたが、艦長であるハレーの権限に従わない反抗的な大尉と衝突して、翌年の夏には、赤道をまたぐことなく西インド諸島からの帰還を余儀なくされた。そして、一六九九年の九月に再び出発した。

経度と磁針偏差の理解を深めることを目的とし、貴下がパラモア号での二度目の探検を開始するにあたり、国王陛下はパラモア号を喜んで貸与する。上記の探検のために、陛下の命によって船には完全に要員が配置され、装備が調い、食料が十分に積み込まれている。したがって貴下は、以下の指示に従ってただちにパラモア号で出発すること。

時間を浪費することなく出港し、マゼラン海峡と喜望峰の間、南緯五〇度から五五度の間にある未知の島を発見すること。すぐに陸地にたどり着かない場合には、できる限りの正確さで磁針偏差を調べること。また、寄港する港の経緯度を調査すること。

「磁針偏差」を地図にするのがハレーの主な目標だった。海ではときどき方位磁針が変な挙動をすることが船員たちに知られていたからだ。

現在でも、磁気というものは、不思議な感覚を引き起こす現象だ。磁気の力は常識に逆らうものに思え、同じ極同士を近づけようとすると抵抗を感じる。まず謎なのは、いつも双極子（ダイポール）という形で存在するということだ。つまり、必ずN極とS極がある。電気双極子というものも可能だが、それは正の電荷と負の電荷の対であり、二つを分けて別々に調べることができる。だが、磁気の場合はそうはいかない。二つの極を分けようとすると、二つの双極子磁石（ダイポールマグネット）になり、それぞれのN極とS極ができてしまう。まだN極とS極の分離に成功した者はいない。磁気の単極子（モノポール）がたとえ存在するとしても、検出されたことはないのだ。

人類は数千年間、磁気に魅せられると同時にその力に困惑してきた。大プリニウス（西暦二三―七九）の『博物誌』には、ある岩石が持つ不思議な性質が記録されている。三七巻からなる『博物誌』は、現存する最大級のローマ時代の書物で、著者の大プリニウスによると「自然界、または生命」を網羅することを目的としたものだった。彼の記述では、紀元前一〇〇〇年ごろ、マグニスというクレタ島の羊飼いがミュシア（現在のトルコ）のイディ山を歩いていた。すると突然、履いていたサンダルの鋲が地面に引きつけられた。地面を掘ってみると磁鉄鉱（マグネタイト）という磁性のある酸化鉄が見つかったという。その石は後にロードストーンと呼ばれるようになった。また、一部では後にマグネシアストーン（道を示す石）とも呼ばれた。

磁石は地球の内部とつながる奇跡そのものだった。古代ギリシャの哲学者タレスは、磁石には魂が宿ると考えたが、ローマ人はロードストーンの実用性に気がついていた。「ルクレティウス」という名で知られるティトゥス・ルクレティウス・カルス（紀元前九四―前五五）には、現存する詩が一つだけある。彼は『事物の本性について』というその詩の中で、なぜいくつかの物質はロードストーンの影響を受けないのかと問いかけ、「いくつかの物質はその重さによってびくともしない……金だ。他のものが動かないのはその質感が原因で、それらを構成する原子の間に大きな空間があり、ロードストーンからの原子の流出が、反応せずに間を通り抜けるためである」と言っている。二世紀のアレクサンドリアの天文学者、プトレマイオスは、著書『地理学』の中でこう記している。「マノリアルと呼ばれる一〇個以上の島がつらなる場所［おそらくスマトラかジャワ］にはヘラクレス石（天然磁石）が自然に存在するため、鉄の釘が使われた船はとらえられてしまう。これが理由で、船がほぞ継ぎで作られているという報告がある」。また、『アラビアンナイト』にはこうある。「明日我々は磁気の山と呼ばれる黒い岩の小島につく……。突然、我々の一〇隻の船に打たれた数千の釘がすべて吹き飛び、その山の一部となった。船はばらばらに崩れてしまい、全員が海に投げ出された」。西暦二〇〇年には、サモトラキ島の司祭たちが、関節炎に効くとして磁気のある指輪を売っていた。アウグスティヌス（三五四―四三〇）は『神の国』の中でこう記している。「磁石はその不思議な吸引力で鉄を引きつける……だが、麦わらには何の効果もない……そうしたよく見られる現象は説明不可能である……それなのに、奇跡を人間的な理由で説明せよと、なぜ人は要求するのだろうか」。

アレクサンドロス三世の建築家だったディノクラティスは、エジプトのプトレマイオス二世のために設計する神殿で磁気を使用することを夢見ていた。それはアルシノエオンと呼ばれるはずだった。ディノクラティスは、ロードストーンを使って鉄の像を浮揚させる夢を持っていたが、建設が始まる前に死んでしまった。彼の取り柄は野心的なことだった。ハルキディキ半島のアトス山を高さ二〇〇メートルのアレクサンドロス像に変え、手にするゴブレットから山の小川が流れだすようにするという彼の計画は、アレクサンドロスの死によって中止された。ローマの歴史家ケドレヌスによると、アレクサンドリアのセラピス神殿にある古代の像は「磁力によって宙に浮いていた」という。また、ローマ人の政治家カッシオドルスは、「アルテミス神殿では、ひもでつり下げられているわけでもないのに鉄製の天使が浮いていた」と記している。

方位磁針の歴史

メキシコの最初の主要な文明、巨石人頭像で知られるオルメカで磁石が使われていた可能性を信じる考古学者もいる。メソアメリカではロードストーンの遺物が見つかっており、放射性炭素年代測定によると、紀元前一四〇〇〜前一〇〇〇年ごろのものとみられ、原始的な方位磁針として、占いの一種である「ジオマンシー（土占い）」で使用されていた可能性があり、もしこれが証明されれば、千年前の中国での風水における磁性の利用よりも早いことになる。その遺物は磨かれた赤鉄鉱（ロードストーン）の棒の一部で、一方の端に溝がある（おそらく見るために使われていたのだろう）。現在は北西三五度を指すが、壊れる前は南北を指していた可能性がある。他にも赤鉄鉱や磁鉄鉱の遺物がメキシコとグアテマラのアメリカ先住民の遺跡で発見されている。だが、方位磁針が発明されたのは中国だった。

磁性に関する記述が見られる中国の文献は、紀元前四世紀の王詡（おうく）（鬼谷子（きこくし））で、「ロードストーンは鉄を引きつける」と記されており、中国では原始的な方位磁針を「指南車」と呼んでいた［訳注：指南車には磁石は使われておらず、機械的機構によって方位が決定される装置だったという説もある］。鄭の人々は、自分の位置を知るためにいつも「指南」というものを使っていたとも記されている。基本方位のどこを指すのかを観察する、おそらくロードストーン製の「スプーン」に関する最初の記述は、西暦七〇年から八〇年に書かれた書物の中に見られ、「だが、指南スプーン（指南針）を地面に投げると、南を指して止まった」と記述されている。

磁気偏角——方位磁針はいつでも真北を指すわけではないという事実（ハレーの磁針偏差）——に関する初の明確な報告は、西暦八八〇年の管輅（かんろ）の『地理指蒙』に見られる。別の書物、『九天玄女青嚢海角経』にも磁気偏角に関する記述がある。陸上のナビゲーションに使用する、ある種の磁気偏角発見器に関する最も古い記述は、一〇四〇〜四四年の宋時代の書物に見られる。水をはった桶に浮かべられた鉄製の「指南魚」という、「夜のくらがり」で方位を知るための道具に関する描写がある。『武経総要』にはこう書かれている。「曇っているときや夜の暗闇では、部隊は方位を知ることができなかった……彼らは指南車や指南魚を使用した」。

沈括（しんかつ）の『夢渓筆談（むけいひつだん）』（一〇八八年）には、ロードストーンで先をこすって磁気を帯びさせた針の真ん中に、一本の絹の糸をつけてつるす占い師に関する記述がある。沈括は、このようにして準備された針は、南を指すこともあれば北を指すこともあると指摘している。航海での方位磁針の使用に関する最も古い明確な記録は、朱彧（しゅいく）の『萍州可談（へいしゅうかだん）』（一一一一〜一一七年）に見られ、「水先案内人は海岸の形状を熟知している。夜は星を見て舵を取り、昼間は太陽を見る。曇っているときには指南針を見る」と書かれている。中東では、方位磁針に関する最も古い記述はペルシャ人によるものだ。一二三二年以降の書物の中で、魚のような鉄製の方位磁針が描写されている。アラブの方位磁針——水をはった桶に磁気を帯びた針を浮かべたもの——に関する最も古い記録は、一二八二年、イエメンのスルターン（君主）であり天文学者のアル・アシュラフによるものだ。アル・アシュラフは天文学的目的で方位磁針を使った初めての人物だと考えられている。

真北を指さない磁気偏角

ヨーロッパの文献で磁化した針と船乗りによるその使用に関する記述が最初に見られるのは、アレクサンダー・ネッカムの『物事の性質について（De naturis rerum）』（一一九〇年）である。一二六九年には、シチリア王シャルル・ダンジュー軍の兵隊だったペトルス・ペレグリヌスが、『磁気書簡（Epistola de magnete）』において、天文学的目的で使用する、浮遊させた方位磁針について述べている。どうやら球状の磁石を初めて作ったのは彼のようで、磁気を帯びさせた針をそれに沿って動かして、磁石が針に与える影響を実験した。

地中海の冬は曇っているので、十月から四月の間は航海を控えるというのが古代からの船乗りの習わしだった。だが、航海期間が長くなるにつれ、少しずつ着実に輸送と貿易が拡大していった。一二九〇年ごろまでには、航海シーズンを一月後半から二月に開始して、十二月の末に終了することができるようになった。航海期間の延長は数カ月であっても経済に大きな影響を及ぼし、ベニスの商船隊は、年に一回ではなく二回もレバーント地方を往復することが可能になった。一三〇〇年、エジプトの天文学者でムアッジン（礼拝への呼びかけをする者）であるイブン・シムーンによって書かれたアラビア語の論文には、メッカの方向を探すために方位磁針を使うと述べられている。アラブの航海士が羅針方位（三二方位）を使い始めたのもそのころだった。磁鉄鉱は世界中で産出し、スカンディナビアには大きな鉱床がある。バイキングも方位磁針を使用していたが、その存在を秘密にしていた。中世の船乗りの間では、磁鉄鉱は船を引き寄せてばらばらにするという噂があった。

磁石には治癒能力があると考える人たちもいた。十三世紀、『事物の諸性質について（On the Properties of Things）』の著書で知られるバルトロメウス・アングリクス（一二〇三―七二）は、「この種類の石は夫を妻の元に帰らせ、言葉を優雅で魅力的にする。さらに、蜂蜜と一緒に用いれば、浮腫、脾臓、疥癬、火傷などを癒やし……貞節を守っている女の頭に置けばその毒がまわるが、不義を犯した女の場合には、この薬を恐れてすぐさまベッドから起き上がる」と記述している。

しかし、方位磁針はいつも素直に振る舞うわけではない。ときどき真北を指さないことがある。それが磁気偏角だ。すでに見たように、十二世紀の中国ではこの効果が知られていた。北極星を使って航海する際に、世界の異なる場所では、方位磁針は北極星の右側か左側を指すことを彼らは知っていた。一五一四年に出版された、ポルトガルの探検家ジョアン・デ・リスボアの『羅針盤に関する論文（Livero de Marinharia）』では、この現象が扱われている。彼はフェルディナンド・マゼランの世界一周の旅に同乗していたと考えられている。磁気偏角を決定する実用的な方法を編みだした最初の人物は、スペイン海軍に雇われていたポルトガル人、フランシスコ・ファレロだった。『地球と航海技術に関する論文――非常に重要なルールが書かれた海抜のマニュアル付き。帝国の特権付き（Tratado del esphera y del arte del marear: con el regimiento de la alturas; con algunas reglas nuevamente escritas muy necesarias）』の中に記述が見られ、その第八章で磁気偏角が詳しく解説されているが、印刷されたものとしてはこれが初めてで、磁気偏角の三つの計算方法も提示されている。マゼランは一五一九年の世界一周の航海の際に、この写本を持って行ったとみられる。一五三八年から四一年に行われた東インドと紅海の航海では、デ・カストロというスペイン人航海士が、磁気偏角を四三回観測している。主な計測は方位磁針が示す方向と真北との角度のずれだった。彼はこう書いている。「この航海の科学は広く知れ渡っていない。それは船員が間抜けのように行動するためで、長い時間をかけて絶えず訓練することで技術を細部にわたって覚えるからなのだが、彼らがいくら努力しても事務所では説得力を持ちえない。また、経験はないが数学という学問に熟知している者たちがこの技術の影をつかむことがあるが、真の科学は得られない」。一五四四年には、ゲオルグ・ハルトマンによってローマの磁気偏角が記録され、その報告書には方位磁針が持つ別の興味深い性質が書かれている。針は水平にはならず、しばしば下を指すのだ。これは伏角（ふっかく）と呼ばれる。一五八一年、ロンドンのロバート・ノーマンは『新たな引力（The Newe Attractive）』という小冊子を出版した。それは純粋に磁性だけを扱った初めての出版物だった。その冊子には、伏角は一五七六年に発見されたと記されている。

第21章　磁性の探求

晩年のエリザベス一世の侍医としてのウィリアム・ギルバートの人生は辛いものだったにちがいない。彼はイギリスで最も評判のよい医者で、一五八九年には翻訳家として知られるレディー・セシル、その十年後にはレディー・セシルの夫でエリザベス一世の重臣、ウィリアム・セシルの最期を診たため、その役職に適任だった。一五九九年、ギルバートは王立内科医協会の会長に就任し、医学的問題について広く助言を与えた。一六〇一年、彼はエリザベス一世の主治医になった。女王の健康状態は一六〇二年の秋までは良好だったが、六十八歳になると、その後数カ月間、「定着して取り除きがたい憂鬱」に陥り、「発作的激怒と意識がもうろうとした状態」を繰り返すようになった。よき女王エリザベスの怒りのはけ口にされることがしばしばあり、医学以外にもさまざまなことに興味を持っていたギルバートは書斎に隠れて過ごした。その興味の一つが磁性だった。彼の物理科学への興味は、ジョルダーノ・ブルーノとの出会いで刺激されたと考える人もいる。ブルーノは自由な思想を持った修道士で、最後は異端の罪でローマで火刑に処された。また、数学者トーマス・ハリオットとの議論に影響を受けたともいわれている。

ギルバートはテレラまたは「小地球」と呼ばれる球形磁石を提案した。磁性の研究に多くの時間とエネルギーを捧げ、それを不思議な見えない力と呼んだ。磁性を帯びさせた針を糸でつるし、テレラのまわりで動かして、針の動きと方向の変化を調べた。実験の成果をもとに、一六〇〇年には磁性に関する壮大な論文、『磁石および磁性体、ならびに大磁石としての地球（De Magnete, Magneticisque Corporibus, et de Magno Magnete Tellure）』を発表した。テレラは「磁気の力の線」を発したと述べている。また、伏角にも興味を示し、伏角は緯度に依存すると仮定し、曇って太陽が見えないときや北極星が見えない夜に、船乗りが使用すれば緯度を知ることができるのではないかと考えた。彼は後にこう書いている。「金属は隠され、それらの石の知識は見過ごされている」。

一五九〇年代後半にはロンドン、グレシャム・カレッジの幾何学の教授、ヘンリー・ブリッグズ（一五六一―一六三〇）が、地球の緯度ごとの伏角の表を出版した。それは、ギルバートがテレラのまわりで計測した伏角と合致するものだった。地球の磁場は均一に磁化された球に相当し、回転軸と平行に磁化されていると彼は推測した。しかし、偏角がこのモデルに合わないことにも気がついていた。当時知られていた偏角に基づいて、引き寄せる力の中心が大陸であるため、方位磁針の針がそれると提唱した。そして、テレラに地形を彫って偏角を計測し、その効果を証明した。だが、イエズス会士のニッコロ・カベオ（一五八六―一六五〇）は、もしテレラに彫られた地形が地球の地形と正しい比率ならば、高低差はおよそ一〇分の一ミリメートルしかないことを示した。したがって、大陸は偏角に影響を与えることはできない。さらに、偏角は一定ではないことも発見された。ロンドンの偏角が変化していたのだ。

ギルバートは磁石に魅了されてはいたが、医療への応用には懐疑的で、いんちき療法だとして退け、

「邪悪で致命的な助言」だと言った。彼の書斎は不思議な収集物でいっぱいだったといわれている。エリザベス一世の死後たった数カ月で亡くなった後（死因は腺ペストだった）、彼の所蔵品は王立内科医協会に寄贈されたが、一六六六年のロンドン大火で焼失した。

ハレーと広域磁気図

そして一六九三年には、ハレーがベンジャミン・ミドルトンとともに、磁気偏角を観測する世界的な海洋調査の支援を王立協会に願い出た。王立協会は同意し、小さな船が提供されることになった。航海の費用はミドルトンが工面し、ハレーが観測を行う。何年も遅れたものの王立海軍が航海を引き受けることが決まり、一六九八年、ウィリアム三世がハレーをパラモア号の艦長に任命した。

ハレーは若いころから地球磁場に対する興味を持ち始め、それは生涯続いた。一六八三年には『磁針偏差に関する説（A Theory of the Variation of the Magnetical Compass）』を著し、艦長兼探検家としての観測をもとに、世界のさまざまな場所での磁気偏角について述べた。ハレーは、四七カ所で行った五五回の観測結果を挙げて、磁針偏差の方向と変化の割合について議論している。ハレーは磁気偏角は時間とともに変化すること（永年変化）を知っていて、百年以上にわたるロンドンの五つの計測結果を含めた。

多くの人がハレーを高く評価し、「中背、どちらかというと背が高く、痩せていて、色白。話し方も振る舞いも、いつも珍しいくらい快活で陽気」と述べている。別の人はこう書いている。「同輩から愛情を得るのに必要な資質以上のものを兼ね備えている。まず第一に彼は人々を愛する。情熱的で熱心な気質から、惜しみない優しさが自然とにじみ出て、生き生きとして見える。ただ会えたことの喜びがほとばしる。他人に対する振る舞いは率直で、時間をきちんと守り、判断は公平。マナーがよく、非の打ち所がなく、優しく、親しみやすくて、いつも意思疎通をする準備があり、公平無私だ」。また、「活力、実践、熱意、どれをとっても、彼は生涯、若者のようであり続けた」ともいわれている。古物収集家で日記作家でもあったトーマス・ハーンの一七二八年の日記には、「ハレー博士（御年七十二歳）は年寄りだと思われても気にしなかった」とある。

航海中に経緯度と磁気偏角を記録したハレーの独立した二つの日誌は、現在、大英図書館に所蔵されている。大西洋の四つの場所で偏差のない線、無偏角線を通過している。それはバミューダ付近、赤道付近、そしてセントヘレナとトリスタンダクーニャの東側だった。一七〇〇年二月十七日の日誌には、「トリスタンダクーニャ諸島の最も南側の緯度を三七度二五分と測定」と書かれている。また、トリスタンダクーニャの東側で偏差が見られないことが記され、同年二月二十四日の日誌には「諸島の一一・五度東側は偏差なし」とある。

一七〇一年のハレーの地図は科学的に画期的なものだった。それは、磁気偏角が描かれた最初の広域磁気図である。等偏角線（同値の磁気偏角を表す線）が描かれた地図が印刷・出版されたのはこれが初めてだった。磁気偏角は時間とともに変化するため、ハレーの死後に地図を改訂する必要があった。一七四五年と一七五八年に王立協会の会員、マウンテンとドッドソンがこの仕事を引き受けた。ハレーの大西洋の地図は、過去三百年間に起こった磁気偏角の変化を研究する際の参照データとして今日でも利用されている。

ハレーは「地球は一つの巨大な磁石で、四つの磁極または引きつける点があり、両極の赤道面付近に二つにある。そして、磁極の一つに隣接する地域では、針はその極の影響を受け、常に最も近い極が離れた極よりも優勢である」と死ぬまで信じていた。一七三六年、八十歳のときに描かれた肖像画が手にしているのは、自身の一六九二年の図版で、地球の核を取り囲む複数の球体が描かれている。彼は一七四二年に八十五歳で亡くなった。グリニッジ天文台の彼の墓にはこう書かれている。「この大理石の下には、愛する妻とともにエドモンド・ハレーが安らかに眠っている。彼はまぎれもなくその時代で最も偉大な天文学者だった。だが、この偉大な人物を適切に心に描くには、彼が書き残したものに頼らなければならない。その中では、鋭い洞察力によってすべての科学が最も美しい形で説明され、磨きをかけられている」。だが、ハレーはそこには眠っていない。グリニッジから徒歩約三十分のところにあるリーの教区教会、聖マーガレット教会に、標識がなく手入れもされていない墓がある。他のグリニッジ天文台長、ジョン・ポンドも一八五四年にハレーのそばに埋葬され、四番目の天文台長、ナサニエル・ブリスもそこに眠る。

地球磁場発生の仕組み

ノルウェーの科学者、クリストフェル・ハンステーン（一七八四―一八七三）も地球磁場を地図にあらわした。一八一〇年、デンマーク王立科学アカデミーは、以下の問題に関するコンテストを開いた。「地球の磁性の特性を一つの磁気軸だけで説明することは可能か。それとも、複数を仮定しなければならないか」。ハンステーンは二つの軸を仮定する論文で受賞した。彼はその論文を書くために、一六〇〇年までさかのぼる古い探検の記録や論文から、磁気偏角のデータをできる限り抜き出した。また、一六〇〇年から一八〇〇年までの偏角と伏角の偏差を示す、さまざまな地図のアトラス（地図帳）も収録した。一八一九年に彼はこう不満をもらしている。「ケプラーとニュートン以降、ヨーロッパのすべての数学者が天に目を向け、惑星の優美な動きや相互摂動を追いかけてきた。だが今しばらくの間は、全員が地球の中心――そこにもまた驚くべきものが見られるのだが――に視線を下ろすことを切に願う。地球はその内なる動きについて、磁針という音のない声で語っている」。地表で見られる地球磁場の計測は三百年前に初めて行われたが、地球の磁場が変化していることが計測によって示され、今では世界中に恒久的な観測所が置かれ、衛星でもデータが収集されている。

十九世紀になると、磁性への理解ががらりと変化した。一八二〇年、ハンス・クリスティアン・エルステッド（一七七七―一八五一）が講義を行い、電気を通すワイヤーの横に方位磁針を置いて、電流が磁気を発生させることを実演してみせた。最初、彼はこの現象に別段興味を示さなかった。聴衆の大半も同じだった。たいした効果ではないと思ったのだ。後に彼は、その発見の重要性を考えると、探求を始めるのになぜ三カ月もかかったのか自分でもわからないと書いている。探求を再開したエルステッドは、科学史上で最も重要な実験のいくつかを行った。そして、一八二〇年六月二十一日に四ページの報告書が書かれ、いくつかの科学雑誌に掲載された。それを読んで科学者は愕然とした。エルステッドは、電流が磁場を形成することを示したのだった。そして、アンドレ＝マリ・アンペール

（一七七五―一八三六）がさらに一歩前進させ、地球の内部の電流によって地球磁場が発生することを示唆した。さらに、ジェームズ・クラーク・マクスウェル（一八三一―七九）が電流と磁性の関係を確立した。マクスウェルは一見難しそうに見えるがやさしい方程式を導き出し、現在の電磁理論の基礎を作った。だが、地球の中ではいったい何が起こっていて、広範囲に影響する磁場を生み出しているのだろうか。

カリフォルニア大学ロサンゼルス校の教授、ジョン・オーナウが地球科学に興味を持ち始めたのは、十代のころにアップステート・ニューヨークのアディロンダック山地でキャンプをしたときからだった。アディロンダック山地は美しいだけでなく、構造プレートの境界に沿って形成された線状の山脈でもある。オーナウは地質学のクラスをいくつか取ったが、自分が地球物理学に関する質問ばかりしていることに気がついた。そして、物理学に転向した。研究職に就くことに決め、ジョンズ・ホプキンス大学のピーター・オルソンの実験室に入ることにした。オルソンは地球の深部で起こっている流体力学の基礎を研究する実験を始めていた。オルソンは、もし君がここに来るならこの装置を作ってこの実験をするようにと指示を出した。彼はそれに従った。私はオーナウに、マントルの中の溶融した鉄の挙動についてどう考えているか聞いてみた。「巨大な渦を巻く液体金属の乱流ではあるものの、非常に秩序のある流れだと想像しています。激しく対流し、強力な磁場を持つ、高速に回転するシステムができています。ぐるぐると回転しながら、不思議なことに、秩序のある磁場を発生させているのです。それはもう驚きです。この乱流から惑星規模の大きな磁場が形成されるのです。それは秩序のある乱流です……正直なところ、それが何を意味するのか私にはわかりません」。科学者は、外核がどのように磁場を発生させているのか、ただそれだけを理解するのに百年以上も苦労してきた。

二〇〇九年十一月後半の北アイルランドの都市ベルファスト。典型的な雨季で、空気は肌をさすように冷たいが、よく晴れたある朝、ロウアー・アントリム・ロードでは、地元の数学者であり物理学者である人物を記念するプレートの除幕式が行われた。式には科学者やサー・ジョゼフ・ラーモアの親族が出席した。以前はラーモアの生家の門柱から救い出された石製のプレートがあったのだが、アデラ・ストリートの家もそのプレートも今は取り壊されている。彼がそこに立つ家に住んでいたことを示す新しいブルー・プラーク［訳注：イギリス国内に設置されている青い銘板で、著名な人物が住んでいた家や歴史的な出来事があった建物の外壁に取り付けられる］が除幕された後、参加者は、近くにあるセント・マラキーズ大学の優雅なディオセサン図書館に移動した。除幕式のスピーチではこう述べられた。すぐ角にある病院で午前中にＭＲＩを受けるリストに載っている患者のほとんどは、ＭＲＩの基本となる物理が、この家で育った人物によって最初に定式化されたことを知らないだろう。

この家はヒューとハンナ・ラーモアが、一八六三年か六四年に、バリーキャラックマディーの農場から、小さな子どもたちを連れて移ってきた家だった。この場所から一家の長男のジョゼフはエグリントン・ストリートの国立学校に通い、一八六九年には次の学校に移って数年過ごし、その後十四歳でクイーンズ大学に入学して、一八七五年に文学士号（ＢＡ）を取得して卒業した。

地球は永久磁石だと考えられていた時代もあったが、一八三〇年代にはドイツの数学者ガウスが地球磁場の構造を分析し、力強く優雅な数学用語で説明した。彼の式からは、支配的な場の強度が変化し、地球が永久磁石でないことは明らかだった。磁場を生み出す方法は二つしか知られていない。磁化と電流だ。地球が永久磁石ではないのなら、深部の電流によって発生したものであるはずだ。電流が原因である可能性をエルステッドとアンペールが示した。ジョゼフ・ラーモア（一八五七―一九四二）は法則や方程式、頻度、長さなどに名を残しており、外核で起こっている現象の理解にも非常に重要な貢献をした。一九一九年、ラーモアは、地球磁場は液体鉄の核の中で起こっているある種のダイナモ作用、一つの軸を持つ対称的な動きによって発生していることを示した。そして、十一年周期の太陽黒点の原因も同じ作用によるものだと唱えた。だが彼の説は問題につき当たった。トーマス・カウリング（一九〇六―九〇）がダイナモ理論に異議を唱え、ラーモアの説が間違っていることを示す計算結果を発表した。私は一九八〇年代初頭に、オックスフォード大学で講義をするカウリングを見たことがある。当時の彼は歳を取っていたが、まだまだ洞察やアイディアにあふれ、聴衆の誰よりも生産性が高いという印象を受けた。一九三四年、彼は後に「カウリングの反ダイナモ定理」として知られるようになる説を提唱した。対称な対流構造からはダイナモは発生しないという説である。カウリングの計算に反論の余地はなかったが、ダイナモ理論を抹殺するのに十分ではなかった。というのも、ダイナモ理論は素晴らしいものだったため、多くの科学者が反ダイナモ主張のどこかに抜け穴があるはずだと考えていたのだ。外核の電流の動きは対称ではないのではないかと主張する者もいた。大気の動きは対称的ではないのだから、核だってそうかもしれないと彼らは指摘した。

未完成のダイナモ理論

ドイツ生まれの科学者、ウォルター・エルサッサー（一九〇四―九一）は、ダイナモ理論の父とみなされている。一九四六年から四七年にかけて、初となるダイナモの数学モデルの論文をたて続けに発表した。それは液体の外核の対流が発生させている自律的なダイナモだとし、基本的に南北と東西の二つの異なる配置を持つ流れの間のフィードバック・メカニズムの概略を示した。しかし、双極子磁場を発生させることはできなかった。またしてもカウリングに軍配が上がったかのように見えた。

エルサッサーはユタ大学で、ユージン・パーカー（一九二七―）という若い研究者に出会った。そして、今度はパーカーがこの難問に挑んだ。パーカーは二十世紀以降を代表する宇宙物理学者のひとりで、私が天文学者だったころには、ほぼ常に一九七九年の彼の著書、『宇宙の磁場：その起源と活動（Cosmical Magnetic Fields: Their Origin and Their Activity）』が机の上に広げられていた。彼は、外核は均一に回転していないと考え、カウリングの差し止め命令をうまく回避した。地球ダイナモの難題にエルサッサーは厳密な数学で取り組んだが、パーカーは物理的洞察からアプローチしたのだ。だが、パーカーのダイナモにも問題があった。制御不能になってしまうのである。それを止めるためのフィードバックが必要だった。

ハンス・アルヴェーン（一九〇八―九五）は反抗的な科学者だった。彼は率直だがいつも正しいわけではなく、たとえばビッグバン理論を信じていなかった。アルヴェーンはもし地球が永久磁石だとすれば、約十万年で減衰すると計算した。これが意味するのは、地球の内部にある磁場は自律的なものでなくてはならないということだ。彼は一九四二年に「凍結」磁場というものを提唱し、ダイナモ作用に新しい洞察を付け加えた。ガスでも液体でもよいが、電流を非常によく通す導体の中に磁場があるときには、磁場と導体は一緒に動かなければならないと彼は主張した。その二つに相対的な動きがあれば、動きが逆の強い電流が誘導される。

エドワード・ブラード（一九〇七―八〇）も地球の研究に多大な貢献をした。地震波を使って海底を調査して、大陸移動の証拠を最初に発見したひとりであり、ダイナモ理論も発展させた。彼は一九五〇年にイギリス国立物理学研究所の所長に就任してから数年間、ダイナモの問題に取り組んだ。イギリス国立物理学研究所はＡＣＥ（エース）と呼ばれる世界最先端のコンピュータを開発していた。ＡＣＥはアラン・チューリングが設計したコンピュータだ。その計画の第一段階、パイロット・エース（Pilot ACE）というプロトタイプが一九五〇年に完成し、一連の記者会見でお披露目され、「電気の脳」と紹介された。ブラードは、長く複雑な計算を必要とする、解決されるべき重要な問題を募集した。そうした問題の一つが彼自身のダイナモだった。パイロット・エースを使って、ブラードとハービー・ゲルマンは荒削りだが説得力のある初のダイナモを作りだした。

一九五五年、パーカーがついに謎を解き明かした。核内部の対流は、大気中のハリケーンと同じような方法で起こっていると主張したのだ。ハリケーンは、地球が回転するにしたがって、コリオリの力（転向力）によって北半球では時計回りに、南半球では反時計回りに回転する。核でも、溶融した鉄の動きにこれと同じようなことが起こっているが、磁場は一つに束ねられるため打ち消しあい、双極子磁場が残るとパーカーは考えた。曲がりなりにも説明がつくが、乱流が無視されていて単純すぎる。それから何年も経過した一九七〇年に、ニューヨーク大学のスティーブ・チャイルドレスとグレン・ロバーツが別々に、惑星や恒星にダイナモが存在する可能性があり、宇宙にありふれたものであることを証明した。一九七〇年代と八〇年代には、多くの数理的なダイナモモデルが出現した。それぞれに利点があった。内部の熱の流れからどのようにして対流セルが発生するのか、それが磁場をどのように変化させるのか、どう磁場を発生させたり、影響しあったりするのかが扱われていた。だが、現実世界の状況に近づけるために、乱流を考慮し始めると、話が複雑になってしまう。物理学者の間には、こんなことわざがある。「乱流に遭遇したら、何がなんでも避けること！」。というわけで、完全に満足のいくダイナモモデルはいまだ完成していない。

第22章　地球の過去と実験室

今日ではオーロラの出現は、非常にまれなときを除いて、磁極付近の地域に限られている。オーロラの原因となる太陽エネルギー粒子線は電荷を帯びており、北極と南極に引き寄せられるからだ。だが、世界中で見られる時代がやってくるだろう。レイキャビクやアンカレッジのように、ナイロビやシンガポールでも頻繁にオーロラが見られるようになるのだ。過去には地球磁場が弱かった時期があり、八十万年前には方位磁針は北ではなく南を指していた。今後、方位磁針がまったく役に立たない時代が来る。いつか磁気バリアは、太陽や深宇宙からの有害な放射に対して防御力を失うだろう。そしてゆっくりと、数千年後には、地球磁場が強まり始めていることに科学者は気がつく。さらに数千年後には回復するが、極の配置は今とは逆になっている。これはまちがいなく起こることだ。だが、慌てないでほしい。

地球磁場がまもなく逆転して大惨事が起こるという話は、多くの新聞やジャーナリストが繰り返し使う得意のネタだ。地球磁場がだめになると異常気象になり、送電網が壊滅されるという見出しがしばしば紙面を賑わす。地球磁場の逆転の機はもう熟しており、実際にいつ起こるのかは不明だが、明日にも起こる可能性があり、オゾン層に穴が開いて癌の発生率が急増するという科学者のコメントが付け加えられている。専門家は、電気の供給が数カ月間も完全にストップしたらどうなるかちょっと想像してみてほしいと言う――最近では電気を使わない仕事はほとんどない。この手の話はよく耳にする。人工衛星で観測された地球磁場の詳細が発表されたり、これをテーマにした本が出版されたときなどに。いや、単にどこかのジャーナリストが話題を探していただけかもしれない。その動機が何であれ、今にも地球磁場に恐ろしいことが起こるということが、人々の意識にすり込まれている。どのみち過去にはそれが起こっているのだから。

岩石や古代のたき火の跡から得られる磁気データからは、地球磁場の極性は長時間（クロンと呼ばれる地質学的な時間）安定し、その後に反転が起こることがわかる［訳注：クロンとは地球磁場の逆転から次の逆転までの期間のこと］。クロンの長さは一定ではなく、どんな長さもあり得る。地質学的記録によると、最長で百万年続くこともあれば、最短で一〇万年程度という証拠もあり、その長さに一定のパターンは見られない。一番最近のものはブリュンヌ–マツヤマ逆転と呼ばれ、七八万一〇〇〇年前に起こった。この名前はフランスの地球物理学者で地球の磁場が逆転することを発見したバーナード・ブリュンヌ（一八六七―一九一〇）と、それが過去に何度も起こったと唱えた日本の地球物理学者、松山基範（まつやまもとのり）（一八八四―一九五八）に由来する。

レンガと磁気

一九〇六年、ブリュンヌは、新しく焼かれたレンガが冷えるときに、鉄に富む鉱物粒子が含まれていると、地球磁場の方向に並ぶことを発見した。だがこれに気がついたのは彼が初めてではなく、イギリスの物理学者、ロバート・ボイルが一六九一年に認識したのがおそらく最初である。ブリュンヌは、ジュゼッペ・フォルゲライテル（一八五六―一九一三）の研究に影響を受けたとみられる。フォルゲライテルは、普通のレンガや焼き物には特に強く安定した残留磁気があり、焼かれたときの磁場の方向と並んでいることを示した。フォルゲライテルは、特にエトルリアやギリシャやローマの壺やアンフォラに興味を持っていた。ブリュンヌは、過去の地球磁場のガイドとして残留磁気が使える可能性があると考えた。

ブリュンヌは以前にフランス、マシフ・サントラルのセザンで、古代の溶岩流の下にある岩石を調査しており、その際、それらの岩石が現在の地球磁場とは逆に磁化していることに気がついた。現在の北磁極は固化したときには南にあったはずであり、当時の地球磁場の方向を岩石が保持していると推測した。彼はフランス物理学会の会合でこの説を発表し、その内容は同年、科学雑誌『ジュルナル・ドゥ・フィジック』の十一月号に、『火山岩の磁化の方向に関する研究（Recherches sur la direction de l'aimantation des roches volcaniques）』という題で収録された。また、彼はいくつかの場所で自然に焼かれた粘土のサンプルを採取した。ボーモンの粘土はモンジョリ火山の溶岩で焼かれていたし、ボワセジョー村の近くの粘土はグラベノワー火山の溶岩の下で焼かれていた。そして、「中新世のある時点では、サン＝フルール近郊では、北極は上方向にあった。フランス中央部に最も近かったのは南極だった」という結論に至った。記録がある中では、地質学的過去において地球磁場が逆転していたことが主張されたのはこれが初めてだった。

一九〇四年の『ネイチャー』には、ブリュンヌの死亡記事が掲載されている。「大変遺憾ながら、ピュイ・ド・ドームの気象台長、バーナード・ブリュンヌ氏の死をお伝えいたします。ブリュンヌ氏は四十七歳という若さでこの世を去りました……彼の指揮の下、ピュイ・ド・ドーム気象台は地球磁場、地殻の物理、地球上層大気探査などの研究分野において、揺るぎない地位を確立しました」。それにもかかわらず、彼の説が科学界に受け入れられるまで半世紀を要した。

地球磁気の逆転

探検家ポール＝ルイ・メルカトン（一八七六―一九六三）は、もし過去に地球磁場が逆転していたならば、逆に帯磁した岩石が世界中で見られるはずだということに気がついた。一九一〇年から三二年にかけて、彼はスピッツベルゲン島やグリーンランド、アイスランド、フェロー諸島、マル島、そしてオーストラリアの溶岩を調査し、両半球で正帯磁と逆帯磁の両方を発見し、ブリュンヌの最初の観察が正しかったことを示し、磁場の逆転が全地球的な現象である証拠を示した。メルカトンの初期の研究を認めて、松山はこう述べている。「メルカトンによれば、おそらくペルム紀～石炭紀と第三紀の地球磁場は、現在と比べて非常に異なっていた、もしくはほとんど逆の状態だったのでしょう。私の研究では、現在の地球磁場は、中新世と第四紀には、比較的短い時間で逆方向に変化したかのように見えるという結果が出ています」。

現在では、地球磁場の逆転が過去に数百回起こったことがわかっている。ブリュンヌ–マツヤマ逆転は非常に詳しく調査されており、マツヤマ期の中にも逆転が認められている。過去二五〇万年には、一一回の逆転が起こっている。それらの統計学的分析からはパターンは認められず、発生はランダムだ。この点を考慮すると、逆転がいつまた起こるのかを予想することはできず、私たちにはその兆候を探すことしかできない。だが、その兆候がすでにあると考える科学者もいる。

磁北極を追跡し続けるのは簡単なことではない。方位磁針は真北を指さず少しずれた磁極を指す。問題は磁極が動いていることで、それを追跡するのは、単に方位磁針を使用する人のため（衛星を利用したGPSの時代になってもいまだに方位磁針は利用価値がある）だけではなく、地球磁場の源である地下数千キロメートルで起こっている現象を理解するために必要だ。カナダ政府はときどき磁北極を探すために科学者を派遣している。

最近これを定期的に行ったのはラリー・ニューイットだった。彼はオタワの基地から、磁北極に一番近く人間が居住しているレゾリュート湾まで七時間のフライトをし、その後、パックアイス（叢氷）の上に着陸できるツイン・オッターと呼ばれる飛行機に乗りかえて三時間半飛んだ。現在磁北極は海上にあるため、海が凍る冬の終わりにしかたどり着くことができない。彼がそこを訪れるたびに磁北極は移動していた。「私たちは氷の上でそれを追うのです。毎日動くし、年ごとにもあちこちに動きます。だから追跡しなければならないのです」と、ある時彼は教えてくれた。着陸は難しい。追跡チームは、磁極があるとみられる場所にできるだけ近い地点に飛行機を着陸させる。氷の上に磁気センサーを設置して、磁極を取り囲んで三角測量する。磁場が詳細に監視されるようになってからわずかな時間しかたっていないが、ここ数年は今までに見られなかった挙動を示している。一九〇四年に行われた、探検家ロアール・アムンセンによる磁極の測定では、それ以前にイギリスの探検家、ジョン・ロスによって一八三一年に行われた正確性が劣る測定結果とほぼ同じ場所だった。それから約四十年前までは、北のほうへふらふら動いていたが、その後、今までとは異なる振る舞いが始まった。「今まではのろのろと北に移動してきましたが、その後、動きが速まりました。現在は、カナダから離れてシベリアに向かっていて、これまでの四倍くらいの速度で北のほうに進んでいます」とニューイットは言う。もしこれが通常の逆転ならば、一〇〇〇年から一万年かかるはずだが、時にはもっと速いスピードで逆転が起こることもある。

約四万一四〇〇年前（誤差二〇〇〇年）、最後の氷河期の間に、地球磁場に何かが起こった。それは顕著で、非常に素早いものだった。黒海に積もった堆積物の磁気的特性とグリーンランド氷床コアのベリリウムと炭素同位体の調査からは、地球磁場の逆転が驚くような速さで起こったことが示唆されている。たった二百五十年で磁場は九五パーセント減少し、四百四十年間逆転して、つまり磁北極と磁南極が入れ替わった状態になり、その後、約百五十年で元に戻った。科学者はこれをマシフ・サントラルのクレルモン＝フェランのラシャン溶岩にちなんで「ラシャン・エクスカーション」と呼んでいるが、謎そのものである。地球磁場はハレーの時代から減少しており、また、ローマ時代には現代よりも強かったという証拠もあるということは、この先に、急速または通常の逆転が待ち構えているということなのだろうか。

カリフォルニア大学サンディエゴ校スクリプス海洋研究所内の地球物理・惑星物理学研究所のキャシー・コンスタブルはそう考えてはいない。現在の地球磁場は過去およそ一〇〇万年の磁場よりもはるかに強く、実際、その強さは二倍以上だと彼女は指摘する。過去一万年以上の地球磁場を見ると、紀元前二〇〇〇年まで弱く、一〇〇〇年もかからないうちに非常に強まり、その後はそのままの状態であることがわかる。たしかにここ数百年で弱まってはいるが、過去数千年に見られる変動内におさまっている。つまり、メディアがどう書きたてようとも、現在の地球磁場には特に目立った挙動は見られないということだ。

外核と内核のせめぎあい

約十五年前、ロスアラモス国立研究所の流体力学者、ゲリー・グラッツメヤーと、研究仲間のポール・ロバーツ（UCLA）とロブ・コー（カリフォルニア大学サンタクルーズ校〈UCSC〉）は、二千時間の処理時間をかけてコンピュータ・シミュレーションを作成した。その地球ダイナモの三次元数値シミュレーションは、ピッツバーグ・スーパーコンピューティング・センターとロスアラモス国立研究所の並列スーパーコンピュータで処理され、今では三〇万年分が算出されている。発生した磁場は、双極子が優勢な構造をしており、地球の磁場と酷似している。また、地表の非双極子磁場は西方向に移動しており、地球で観測されている年間〇・二度というスピードと実質的に同じだ。さらに、開始からおよそ三万六〇〇〇年たったころ、たった数千年という短い時間で双極子の逆転が起こった。逆転の間は磁気双極子の強さが約一〇分の一に減少し、その直後に元に戻ったことも、古地磁気逆転記録に見られるものに似ている。グラッツメヤーは、こう説明する。「この実験結果は、液体の外核の対流が常に地球磁場を逆転させようとしているが、固体の内核がそれを阻止していることを示しています。なぜなら、内核の磁場が変化するにはもっと長い時間が必要だからです。何度も試してやっと一回成功する。おそらくこれが、地球磁場の逆転と逆転の間の時間が長く、ランダムに分布している理由なのでしょう」。

プレートテクトニクスが地球磁場の逆転頻度を制御していると主張する科学者もいる。大陸が地球の表面に非対称的に分布しているときに逆転が起こりやすいという説だ。おそらくそれはマントルの偏りと、核から流れでてくる熱がマントル内の流れに与える影響を反映していると言う。いくつかのコンピュータモデルでは、逆転の頻度に下部マントルの対流が関係していることが示唆されている。ジョンズ・ホプキンス大学のオルソンは、核−マントル境界を通過する熱量に特に注意を払いながら、逆転を引き起こす可能性がある外核の乱流を調査した。境界の熱い部分と冷たい部分を見つけるためには、地震学的イメージを使用した。そして、熱伝導が高いと、外核の液体が乱流になり、磁場が不安定になることを発見した。科学とは観察し、仮説を立て、実験するものである。だが、液体金属の核については、どうやって実験を行えばいいのだろうか。

国際宇宙ステーション（ＩＳＳ）については賛否両論あるが、そこでは重要な研究が数多く行われている。ＩＳＳの主な目的は、宇宙空間で人間が暮らしたり働いたりする方法を知ることにあり、宇宙飛行士を健康で機能的な状態に保ち、安全を確保し、生産性を高く保つ方法を知ることにあるといえるだろう。修理や交換を行うにはどうしたらいいか、内側からまたは宇宙遊泳で外側から作業環境を広げるにはどうすべきか、さらに、カーゴやゴミをどうやって受け取ったり送りだしたりすればいいかなどである。ある意味でＩＳＳは、その存在を正当化する以外にまったく何もする必要がないのだが、宇宙で科学実験を行わないのは宝の持ち腐れだ。観測は無人探査機で行うのが一番よいので、ＩＳＳが天文学や地球科学の中心地になることは決してないが、そこでやるべきこともたくさんある。人体の無重力への適応に関する研究、基礎的な生物学的メカニズムの研究、そして、なんといっても地球の溶融した核に関する研究だ。

ＩＳＳの「流体科学実験ラック（ＦＳＬ）」は、欧州実験棟コロンバスに設置された主要な実験装置の一つだ。そこで行われている実験の一つにジオフロー（GeoFlow）と呼ばれるものがある。それは小型の地球（または他の惑星）の模型で、同心円の球体の間にシリコーン油が充填されており、ほぼ共通の軸のまわりを回転する。二つの球体の間に高電圧をかけて重力の役割をする力を作り、外側の球体よりも内側の球体の温度を高くすることで、地球と同じように、内側から外側へ向かって温度勾配を作る。このような環境と配置のシリコーン油の流れを分析すれば、地球のマントルと核の動きについて知識が得られる。さらに、その結果はジャイロスコープやベアリング、ポンプ、高性能の熱交換器などといった工学に応用できる。ジオフローとジオフロー2の十三カ月に及ぶ連続運用からは興味深い結果が出ており、マントルと外核の動きに関するコンピュータモデルを改良するのに役立っている。

ダイナモの発生に迫る

メリーランド大学のダン・レイスロップと学生たちは、三メートルのチタニウム製の球体を作っている。球体には液体ナトリウムを充塡する予定で、回転させると地球が発生させているような磁場を生じるのではないかと彼らは考えている。ナトリウム（水が沸騰する温度よりも低い温度で融解する）に外核の液体鉄に似た挙動をさせるのが狙いだ。ある意味でこれは、レイスロップに言わせると、ダイナモがどのようにして発生するのかという問題を力ずくで解決する方法だ。彼は私にこう言った。「結局、書かれた方程式を解くことは不可能です。コンピュータは小さすぎるし遅すぎます。さらに、どうやって扱えばいいかまったくわかっていない乱流があり、これからもわからないままでしょう。だから私たちはこの装置を作って、ダイナモが発生するかどうかを見てみるのです」。

「私たちはだいたい月に一週間、装置を稼働させています。先週は稼働させて測定を行いました。そのデータを一週間以上かけて調べ、改良してからまた動かします」。ISSのジオフローのように内側の球体を外側よりも熱くすると、実験はうまくいかないだろうと彼は指摘する。地球の重力で浮力対流が起こるかもしれないからだ。これを回避するには、外側の球体に対して内側の球体の速度を変える。そうすれば、重力に影響されない相対運動が起こる。これは、厳密にいえば、別の形の対流だ。ナトリウムの攪拌で自己永続的な磁場を発生させられるだろうか。この装置では、プロセスに弾みをつけるために、地球の自然の磁気を「磁場の種」として使用する。「磁場の種」が回転によって引きずられて引き延ばされるうちに、ナトリウムが電気を帯びて、電流が発生する。もしダイナモができれば、次にはこうした電流からさらなる磁場が発生し、十分にねじられて自己増幅し、プロセスが前進していくはずだ。成功するかどうかは誰にもわからない、とレイスロップは言う。「こうしたパラメーターやコンディションについて、仮説もなければ実験結果もありません」。この装置で磁場が増幅されることはわかったが、今のところダイナモ効果は見られない。彼の勘では、液体ナトリウムの中に自己発生するダイナモを見る日はそう遠くないという。「自然界でダイナモを発生させるのは簡単です。でも、実験室ではそうもいきません」。

このメリーランド大学の実験は、以前にパリとリヨンの高等師範学校とサクレー原子力庁センターが行った実験の拡大版だった。フランスのカダラッシュで行われたその実験は、円筒の中で鉄の円盤を回し、液体ナトリウムに乱流を起こさせるものだった。二〇〇七年、地球のダイナモといくつかの類似点を持つダイナモが作りだされたことが報告されている。このプロジェクトに参加した科学者、ジャン＝フランソワ・ピントンは、「私たちの実験は物理学者の実験です」と言う。彼が言うには、この実験はダイナモの発生だけを目指しており、現実的かどうかは問題ではない。だが、レイスロップの場合は、「地球がやっていることを再現しようとしている」のだ。

UCLAのオーナウのグループもまた、対流シミュレーション実験を行っており、実際の地球ダイナモがどのように開始されるのかを研究している。回転と磁場が存在するときの乱流の研究である。これは非常に複雑な問題だと彼は教えてくれた。「私は分解できる最も単純な要素を調べようとしています」。彼の実験では、液体ガリウム（融点三〇℃）で満たされた円柱が使用され、それを下から温め、上から冷却する。「すると惑星の核の小さな一区画のように対流し始めます。私たちはそれを回転させて、磁場を加えます。これは地球の外核のシンプルな模型です。私たちはダイナモを作ろうとしているのではなく、磁場をかけて回転させることによって、対流を起こそうとしているのです。

ダン・レイスロップは磁場を調べていますが、私たちは流体を調べています」。

これらの研究者は、ダイナモの実験を通して、外核の回転する力によって液体鉄の流れがどう歪み、南極と北極を持つ磁場を発生させる構造ができるのか、そのヒントを得ることを目標にしている。また、何が地球磁場の逆転の引き金となるのかを説明する上でも実験が役に立つかもしれない。

外核の構造に関するヒントが見えてきた、と多くの研究者が考えている。地球磁場の変化の研究は、つきつめれば外核の溶融鉄の流れの変化に行き着くだろう。地球磁場にみられる規則的な六十年周期変化は、液体鉄の波に起因することが示唆されている。そうした波の安定性に関する計算からは、外核の上部が層状になっていることが示されている。また、大規模なサイクロンのような動きが北半球にあるのではないかとも考えられている。

神の御業を知るために

標高一〇〇〇メートルにある駐車場が、ベスビオ山の火口への出発点だ。全長一・五キロメートルの険しい道を上って火口縁まで行くには三十分から一時間かかり、入山料も払わなければならない。西暦七九年の火口のまわりを歩き、三〇〇メートル以上の深さの壮大な裂け目を見下ろす。一九四四年に噴火した溶岩が部分的に火口原を覆っており、噴気孔が見えるかもしれない。もし火口原に降りたければ、クラブアルピノイタリアーノに連絡しなければならないが、彼らが適したガイドをつけてくれるだろう。だが、ポンペイの破壊者を見るのは、かつてはこんなに楽ではなかった。

一六三八年、イエズス会司祭の一団が、ロープと大きなカゴを持って、ベスビオ山の溶岩と噴石の坂を登っていた。火口からは煙が立ち上り、その縁に近づくにつれ、この信用のおけない火山がいかに予測不能か全員が感じ取った。一歩一歩彼らは祈りながら進んだが、司祭のひとりで三十六歳のアタナシウス・キルヒャーほど強く祈った者はいなかった。彼はこれから、地球の中心に何があるのかを調べる調査の一環として、籐編みのカゴに乗り、煙をはき出す火口に下ろされることになっていた。

それまでの四年間、フィレンツェのアルチェトリでは、天文学者のガリレオが軟禁されていた。その理由は、宇宙の中心は地球ではなく太陽だと唱えた異端の罪だった。幽閉の最初の三年間は七つの懺悔詩篇を読むように命令されたが、娘がかわりに読むことが許された。ガリレオは幽閉の間に『二つの新科学対話』を執筆し、ローマ教皇の検閲を避けるために密かにオランダに運ばれて印刷されたが、このイエズス会司祭がベスビオ山を苦労して登っていたころには、おそらく適切な医療を受けらなかったことが原因で視力を失っていた。これが宇宙の秩序について教会の教義に逆らう者がたどる運命だった。宇宙の秩序に関する教会の教義。それがイエズス会司祭としてのキルヒャーの心にある最重要事項で、彼は教会の知的擁護者だった。まもなく彼は火口の中に降りていく――そこは地獄そのものに近い場所だともいわれていた。

アタナシウス・キルヒャー（一六〇二―八〇）は政治的な影響力を持つドイツ人のイエズス会司祭で、啓蒙時代の変わり目に活躍したオカルト信仰者であり博学者だった。彼の存在は、知識が着実に発展していったと描写される科学史には合わないため、面白い例外として扱う科学史家もいる。観測によって現実世界に関する新しいデータが集まるにつれ、宗教的教義やアリストテレス的教義との矛盾が浮き彫りになり、科学の進歩の前で、古い教義は切り捨てられる必要があった。だが、ガリレオが身をもって知ったように、それは簡単でもなければ快適な仕事でもなかった。十七世紀以降の科学は、時間というものは非常に長く、それが地球の内部の機構と関係しているということを認める方向に進んでいた。キルヒャーは、この型にはまった科学史観にはうまく当てはまらない。彼は初めての著書となる、磁石の性質に関する自身の研究をまとめた『磁石研究（Ars Magnesia）』を一六三一年に出版し、その数年後には、皇帝によってウィーンに招かれ、ヨハネス・ケプラーの後継者としてハプスブルクの数学者になる命を受けた。しかし、この任命は取り消され、その後ローマ学院［訳注：現在の教皇庁立グレゴリアン大学］で働くことになった。

昼下がりには簡易のロープとクレーンが作られ、キルヒャーはノートと聖書を片手にカゴに乗りこみ、祈りを捧げた後、ときどき漂ってくる煙と毒ガスの中にカゴを下ろすように命令した。彼は下降しながらメモを取ったり絵を描いたりした――ごろごろ転がる溶岩と、地獄の門に近づきながら。そして、下を見下ろして、目にしているものをどう説明したらいいのだろうかと考え込んだ。

彼はベスビオ山の怒りから逃れ、数日後に八〇キロメートル離れた場所からその山が噴火するのを目撃した。巻き込まれていたら一行はひとり残らず死んでいただろう。彼は火山の真ん中を錬金術師のかまどにたとえ、その悪臭を彼が実験室でかいだ硫黄とビチューメン（半固体または固体状の石油やタール、アスファルトなど）の臭いになぞらえた。彼は地球の内部に関する今までで最も重要な本を執筆しようとしていたが、地下には本当に悪魔がいて、ベスビオ山をかきたてる火の中をうろつき回っているのだろうか。

キルヒャーの任務は「神の御業を理解することに他ならない」ため、あまり科学に深入りしなかった。そして、一六六四年から六五年に出版された二巻本、『地下世界（Mundus Subterraneus）』には占星術、火山、錬金術、ドラゴン、日食や月食、化石、重力などが収録され、ベストセラーになった。だが彼は、自身の観測結果も盛り込んだ。『地下世界』は「知識の未知の領域を切り開くものではないが、数学的な複雑さや哲学的な複雑さがなく、ふんだんに図解があって、理解しやすいように情報がまとめられている一般科学の教科書」と評される一方で、「十七世紀の一般的な人間が地球の内側について考えそうなこと」を反映しただけのものだともいわれた。面白いことに、『地下世界』の大半はラテン語から英語に翻訳されたことがない。

『地下世界』は、中世の思想と、高まってきた実験的アプローチ、つまり現在私たちが呼ぶところの科学革命をつなぐ架け橋だ。『地下世界』では、ドラゴンや占星術が扱われると同時に、全編を通して、岩石や化学物質を使った錬金術の実験室や実験の様子が描写されており、キルヒャーは、それらは地球の解釈に相当すると述べた。実験室に地獄が招き入れられたのである。後にスコットランドの偉大な地質学者、チャールズ・ライエルは「現在は地球の過去を解く鍵」と言った。だが、その前にキルヒャーは、それに気がついた人たちに向けてだが、現在が「地球の過去を解く鍵」なのではなく、現代の実験室こそが「地球の過去を解く鍵」であることを示していた。当時のそれは錬金術の儀式だったが、今ではダイヤモンドアンビルセルの技術なのである。

『地下世界』には目を見張るような図版が多く含まれている。ベスビオ山の絵は圧巻だし、地球内部を示す断面図も素晴らしい。その地球内部の図版には、煮え立つマグマ溜まりから地表の火山に通じるさまざまな道が描かれている。キルヒャーはこの地球の中心の地図を、中心に火があることから、ピロフィラチオルム（Pyrophylaciorum）と呼んだ。

キルヒャーの地球内部の調査はプラトン哲学に基づいていた。つまり、世界は創造主である神が自身の完璧性の顕現として作ったものであり、「世界をまるく球形に仕上げた……すべての形の中で最も完璧な形を与えた」という思想だ。

だが、地球の真ん中はそう完璧ではない。

第23章　内核の発見者

「これはどう説明すればいいのかわからない事実だな」

リンデンブロック教授

一八八四年に出版されたジョルジュ・サンド（本名アマンディーヌ＝オーロール＝リュシール・デュパン）の小説、『ローラ、あるいは水晶の中への旅（Laura, Voyage dans le Cristal）』では、地球の内部に巨大な未知の結晶が存在する。この小説は鉱物学者のアレクシスが、子どものとき以来ずっと会っていなかった従姉妹のローラと再会して恋に落ち、過去を書き換えて、子どものころからお互いの愛情をスタートさせるというラブストーリーだ。一方、ファンタジー作品でもあり、アレクシスとローラが結晶の内部にある魔法の世界に入るが、そこは真実の世界であった。ローラの父、ナシアスが現れ、アレクシスを「地底世界の発見と征服の旅」に誘い出す。一緒に夢のような旅を開始し、多くの美しい場所を発見するが、ナシアスが死ぬ。アレクシスは現実世界に戻ってローラと結婚するが、すぐに彼は現実のローラの真の価値に気づく。それは彼が思い描いていた理想の二人ではなかった。そう、面白いことに、私たちの世界の中心には巨大で奇妙な結晶が存在し、男性優位の科学界に受け入れられようと奮闘したひとりの女性によってそれが発見されたのである。

一〇億年前の世界では、人類、いや、あらゆる発達した生命体が生き延びることは不可能だった。原生代に入ってから一五億年がたったころ、地球の二つの大きな大陸、ヌーナ大陸とコロンビア大陸が合体して、一つの超大陸ロディニア大陸（ロシア語で「故郷」）を形成しようとしていた。その岩石や地層は今でも地球上のあちこちで見られる。

そのころの「地球人」は古細菌と真正細菌と真核生物だった。彼らは生き延びるのに苦戦を強いられていたが、海中に拡散し、進化し、多様化し、多くの環境に適応して回復力のあるものになり始めていた。各ドメインが多くの系統に分かれていったが、すべてが現在まで生き残っているわけではない。植物、動物、菌類の区分ができて、浮遊して孤独に生きてきた単細胞生物がコロニーを形成し、さらに労働の分担が起こった。つまり、コロニーの外側の細胞が中心部で生きる細胞とは異なる役割を果たすように進化した。これは、特化した細胞を持つ複雑な生命体の鋳型だった。ある意味では、私たちの始まりともいえる。また、細胞は遺伝子を直接交換し混合することで進化するという新しい方法を発展させた――雄雌の別が発明されたのである。海綿動物が海に棲み、藻類マットが海の大部分や不毛の大陸の海岸を青や赤に覆い尽くした。

陸上生活ができるように進化した生命体は極少数だった。当時はまだ、太陽の有害な紫外線から地表を守るオゾン層は存在していなかった。もしみなさんがロディニア大陸の荒涼とした世界の、色とりどりの砂岩やシルト岩の上を歩くことができるなら、岩石の上の染み以外に生命体をみつけることはないだろう。そうした染みは、細胞が群れて、マッチの先ほどの大きさのコロニーを作っている菌類の一種だった。

原生代の終わりには、地球は三番目の大気に覆われていた。生命によって酸素が加えられ、今日よりもはるかに量が少ないものの、大気は地質学の用語では「酸素に富む」と呼ばれる状態になっていた。酸素はそれよりも古い時代からの生存者にとっては有毒なため、破滅を意味したが、他のものには新しい機会が提供された。

一〇億年前の地球は火星と非常によく似ていた。当時は火星にも厚い大気があり、川や湖や海もあって、もしかしたら地球のように原始的な生命さえ存在したかもしれない。だが、これから見ていくように、火星の中心部で起こった出来事によって、私たちの惑星とはわずかに違う道をたどっていき、温かく生命があふれる星にならずに、凍りついた死の世界になってしまった。この二つの世界がたどったそれぞれの道は、中心部で起こった出来事に端を発する。

一〇億年前の月は今とは違って見えただろう。目立つクレーターの多くは、後の隕石衝突で形成されるので、まだ存在していない。月はもっと近くにあり、地球の潮汐はさらに強力だった。月は現在のように二十七日ではなく二十日で地球を一周し、地球上の一日の長さはたった十八時間しかなかった。

大陸が集まってロディニア大陸が形成される間、そして生命が地球のコロニー化を始めて二〇億年がたつころに、地球の真ん中では小さな出来事が起こっていた。それは非常にゆっくりしたもので、数万年かかったかもしれない。地球のマントルの下の領域、つまり核は溶融した鉄だったが、ちょうど真ん中に原子が集まり始めたのだ。原子が一つ、また一つと集まってくっつき始める。最初はまったく検出できない状態だったろう。そして、一個の結晶が誕生した。

微かなちらつき

それから一〇億年ほど後、正確には一九三三年のはじめに、アメリカの無線技術者が珍妙な装置を作った。その装置は、金属製の可動型パラボラアンテナの焦点に電波受信器を固定させたものだった。それを空に向けると、かすかにシューシューという音が検出された。それは宇宙からの電波だった。こうして電波天文学が誕生した。電波天文学では、他のどの方法よりも遠くの宇宙をのぞくことができる。その年、ノーベル物理学賞は量子力学（極小スケールでの物質の奇妙な挙動）の研究でエルヴィン・シュレーディンガーとポール・ディラックが受賞した。また、ある雨の日には、ロンドンで赤信号を待っている間に、物理学者のレオ・シラードが核の連鎖反応を思いつき、原子爆弾の開発につながった。さらにこの年には、ヒットラーがドイツの首相になり、世界で最も有名な科学者、アルバート・アインシュタインがアメリカに移住した。

だが、コペンハーゲンの北にある小さな村、ソバケバイでは、ある上品な四十五歳の女性が、清楚な身なりをし、髪を短くきれいに整え、赤い屋根の小さな水漆喰の小屋の横で、太陽を浴びながら座っていた。その場所からは森と静かな湖が見え、木には梨が熟し、ラベンダーの香りが漂っていた。インゲ・レーマンが、これから起こることを心配しているときには、いったん中断して、自分の庭に安らぎを求めるのが常だった。長期間家を空けなければならないときはいつも、薔薇が心配だわ、と彼女は言った。独身だったのは、おそらく人生の情熱の中心が地震にあったからだろう。彼女は芝生の上の大きなテーブルに座った。テーブルの上は茶色い段ボールや鉛筆や紙でいっぱいだった。箱の中には、地震に関する情報と世界中の観測所で記録された時間が書かれたカードが入っていた。会計士のように正確に注意深く書かれたメモや計算用紙の上には、ペーパーウエイトのかわりに石が置かれていた。まだらな太陽の光が机をきらきら照らす中で、衝撃波の詳細を見つめた。そのパターンや周期はもう慣れ親しんだものだった。系統的に照合し分析するときには、彼女は静寂を必要とした。自分が何を探そうとしているのかはわかっていた。それを初めて思いついたのは数年前だったが、立証するのに必要な証拠が今やっとすべて揃ってきた。だが、少しずつパターンが姿を現し、次第にはっきりしてくると、自分が予期していたものとは違うことに気がついた。知らず知らずに、世界の中心にある結晶——いや、最初の結晶からできたものを発見したのだった。

後年、地震学の第一人者として地位を確立した後に、レーマンは地震に興味を持つようになった経緯をこう話している。「十五歳か十六歳のときだったと思います。ある日曜日の朝、母と姉妹と一緒に家で座っていると、床が動きだしたのです。つりランプも揺れました。それはとても奇妙なことでした。父が部屋に入ってきて『地震だったな』と言いました。揺れはゆっくりしていて、ガタガタと振動するものではなかったので、震央が遠く離れていたのはまちがいありません。大変な努力にもかかわらず、正確な震央がみつかることはありませんでした。これが、二十年後に地震学者になるまでの、私の唯一の地震の経験でした」。

レーマンは大きな地震が起こった後には、地球のまわりを波打って伝わる地震波を詳しく調べ上げた。地球の内部には液体の核（リチャード・ディクソン・オールダムが発見。第19章を参照）が存在するため、どの地震でも発生地点の一二〇～一四四度が地震波の陰になることを彼女は知っていた。地震波は決してその領域に到達することはできないはずなのだが、ファイルの記録の中には、あってはいけないところにかすかなちらつきがいつも見られるのだった。

ブラー地震は一九二九年六月十七日月曜日にニュージーランドで発生した。それは国全体を揺らす大きな地震で、一七人の死者が出た。死因のほとんどは地崩れによるものだった。震央は南島の北西端に近い小さな町、マーチソンの近くと特定されたが、広範囲で震動が感じられたと報告されている。この地震では、マーチソンの住人三〇〇人のほとんどが家を失った。ちょうど一時間後にコペンハーゲンの地震計が揺れを観測した。ソ連のスヴェルドロフスクとイルクーツクの観測所でも地震波が観測されたが、そこは地震波の陰の中だった。世界中のあらゆる地域で発生した地震で、そうした予期せぬ揺れがどんどん見えるようになった。「私は借りた記録や入手できた記録のコピーから位相を読むのを好みます。そうすると仕事の量が増えるのですが、出版あるいは発表された測定値がいつも満足いくものであるとは限りません。特に動きが複雑なときにはそうです」とレーマンは言う。いったい何が起こっているのだろう。地震波はどうやってそこに到達したのだろうか。

地球の新しい領域の発見

インゲ・レーマン博士は、一八八八年にコペンハーゲンの湖のほとりで生まれた。彼女の家系はボヘミアに起源があり、デンマークの分家からは法廷弁護士、政治家、技術者などが輩出している。父のアルフレッド・レーマンは、コペンハーゲン大学の心理学の教授だった。彼は厳しく超然とした人物で、食事の時間以外にはめったに顔を見せることはなかったが、日曜日になるとときどき家族を連れて散歩した。

彼女は家族の期待を背負って一九〇七年の秋にコペンハーゲン大学に入学した。一九一〇年に試験に合格し、秋にはケンブリッジ大学のニューナム・カレッジに入学が許可され、一年間そこで学んで卒業することになった。彼女はイギリスでの学生生活を楽しんだ。「若い女性の品行に厳しい制限が課されていたにもかかわらずです。そうした制限は、自国では男の子や若い男性の間で自由に動き回れた少女にとって、完全に異国的なものでした」。だが、学業を終わらせることはできなかった。ストレスのせいで、一九一一年の十二月に帰国することになったのだ。回復は遅々としたものだった。友達が後に言うには、学業に専念しすぎ、がんばりすぎたのだという。はたして卒業できるのか、その後長い間、本人にもわからなかった。

地球に関する当時までで最大の発見に必要となるスキルを運命が与えてくれた。レーマンは保険数理士の事務所で働き、その後コペンハーゲン大学に戻って、一九二〇年に卒業した。一九二三年の二月には、保険数理の教授のアシスタントになった。そして転機が訪れた。一九二五年、「グランドマーリンゲン」の所長だったニールス・ネアルン教授の助手に任命されたのだ。ネアルンは、コペンハーゲンの近くと、グリーンランドのイビッツートとスコアズビー・スンドに地震観測所を作る計画を立てていた。こうしてレーマンは地震学に入っていった。「地震学の仕事を始め、これまでに地震計も見たことがない私と三人の若い男性で、一生懸命コペンハーゲンに地震計を設置したり、グリーンランドの設置準備を手伝ったりするという、非常に面白い数年間を過ごしました。これと並行して独学で地震学を学び、一九二七年の夏には、三カ月間外国に出張しました。ダルムシュタットでは、ベノー・グーテンベルク博士と一カ月間過ごしました」。グーテンベルクからは多大な影響を受けた。彼はそれに先立つ一九一四年に、遠い地震のデータを使用して、マントルと核の境界の深度を平均二九〇〇キロメートルと推測していた。

彼女はすぐに、地震データの多くは、詳細な分析にはほとんど役に立たないことに気がついた。たとえば、ある程度の精度で震央を決定するのが困難なことがしばしばあった。彼女は他人のミスを最小限に抑えるために、異なる地震記象の似通った波形を視覚的に比較した。そうすることによって、経験豊かなひとりの人間の一貫した見方によって、たくさんのいい加減な個人の見方を克服できると彼女は考えた。地震波トレースは複雑だ。最初の衝撃波の到達だけではなく、後に届く波もある。後で到着する波は、さまざまな経路で地球を通過し、内部のあらゆる層で反射してきたものだ。さらに、衝撃波の速度も多様だ。その後数年間、この新しい方法を使って調べてみると、ますます頻繁に、あってはいけないところにかすかな地震波が見つかるようになった。

ゆっくりとある像が浮かびあがってきた。予期せぬ波は、地球の奥深くにある何かに反射したものなのではないかと彼女は疑い始めた。ケンブリッジ大学のジェフリーズに宛てた一九三二年五月三十一日付けの手紙にそうした疑念が書かれている。当時のジェフリーズは最先端を行く地震学者のひとりだった。「核内部での不連続面によってそれらを説明できるのではないかと考えています」。そして、「これは事実なのです。不都合な真実かもしれませんが」と彼女は書いている。ジェフリーズは興味を持ったが、納得はしなかった。彼は友達のイエズス会士の科学者にも伝えたが、その科学者も同じように無関心だった。ジェフリーズからの返事には、彼の友達が「地獄の発見に飛び上がる」のではないかと思ったと書かれていた。

一九三三年までに必要な証拠がすべて出そろった。彼女は当時カリフォルニア工科大学に落ち着いていたグーテンベルクに証拠を見せた。彼は賛成し、弟子のチャールズ・リヒターも同じだった。ジェフリーズが納得するのには少し時間がかかったが、戦争が始まるころには、インゲ・レーマンの目を見張るような発見、新しい地球の領域の発見を誰もが認めていた。彼女は波のタイミングを使って、その反射面までの距離を推定した。それは深く、これまでに検知された何ものよりも深かった。だが、それはいったい何なのだろう。固体なのだろうか。

アラスカ地震と内核

第二次世界大戦後の数年間で地震学は飛躍的な進歩をとげたが、それは岩石や地球の機構に対する興味の高まりによるものではなかった。原子爆弾が爆発すると地球が揺れる。特に地下核実験ではそうだ。原子爆弾の発達の後、特にソ連が開発して以降、アメリカは、地震観測所で地震と同様に核実験を感知することができ、核実験禁止条約が順守されているかどうかを監視するのに地震波の観測が必須だということに気がついた。

レーマンの発見後数十年間は、内核に関して新たな発見はなかった。内核は小さいし、その深さまで衝撃波を送れるような大きな地震であっても、地表まで戻ってくるエネルギーはごくわずかだ。実際、内核が本当に固体であるという証拠は三十五年後にようやく得られた。その証拠は、一九六四年のアラスカ地震、史上最大規模の地震によってもたらされた。

チェネガ島の教室の黒板に最後に書かれたのは、「今日は一九六四年三月二十七日金曜日」という言葉だった。太平洋プレートは北米プレートの下に向かって毎年五センチメートルの速度で北西に動くため、引張応力が増加し、アラスカ南部が圧縮されて歪み、数十年から数百年ごとにパキッと割れる。チェネガ島の子どもたちが知ることになったように、一九六四年の春の日にそれは起こった。

揺れはちょうど三分間続き、マグニチュードは九・二と推定されている。史上で二番目に大きい地震だ。一四三人しか死者がでなかったものの、その多くは子どもたち、特にチェネガ島の先住民の村の子どもたちだった。村は津波に襲われ、六八人の住民のうち二六人が命を落とした。中心部を失ったコミュニティーは、地震や津波の影響を受けにくい新しい場所に移転した。古い村はまだある。地震で残ったものがまだそのままになっている。教室とおぼしき骨組みが今もあり、黒板に日付が書かれたままになっている。

震源はプリンス・ウィリアム湾の一二キロメートルほど下だった。この地震は海岸の風景を様変わりさせただけでなく、科学の方向も転換させた。プレートテクトニクスが「仮説」から厳しい「現実」になったのである。

この揺れは、新しい世界標準地震計観測網によって観測された。それは長周期振動を記録するための装置が設置された観測網で、巨大地震のメカニズムに関する見識をかつてないほど深めるものだった。二人の地震学者、テキサス大学のジウォンスキーとインディアナ州生まれのジェームス・フリーマン・ギルバートがこの地震に興味を示した。研究しようとしたが、デジタル時代以前だったために、多くの記号論理学的問題に直面した。一番の問題は、各観測所のデータが印画紙に記録されていたことだった。インゲ・レーマンだったら、各観測所で記録された自分が研究中の地震に関する波形を知り尽くしていたので、何の問題も感じなかったかもしれないが、ジウォンスキーとギルバートには大問題だった。すべてのデータをデジタル化し、一九六〇年代後半のコンピュータが読める形式に変換するのに二年を要した。そして、ようやく電子化された一〇〇の地震記象が得られた。「それはギャンブルでしたが、見事大当たりでした」と後にジウォンスキーは語っている。

そして、最初にわき起こった地震波がおさまると、その後数日間にわたって、地球全体が揺れた状態に保たれることがわかった。アラスカ地震は、まるで教会の鐘の舌のように振る舞い、二百四十七秒ごとに地球を鳴らしていた。二人は、地殻・マントル・核という地球の構造とそれらの一般的な特性を使って、大地震によって地球全体が揺れる際のタイムスケールを予測した。だがいくら試してみても、二百四十七秒という答えを得られなかった。液体の内核と矛盾するのだ。唯一の解釈は、レーマンが発見した内核は固体であるということだった。

レーマンは一九九三年に百四歳で亡くなった。隠遁し、世間から注目されるのをいつも嫌っていた。心身が衰えていっても研究を続け、友達のエリック・ヨーテンベルグの力を借りて、一九八七年、九十九歳のときに最後の科学論文を発表した。デンマーク測地学会が開いた彼女の百歳の誕生会には本人も出席し、世界中から地球物理学者がお祝いにかけつけた。

第24章　謎めく鉄の球

「地震学や間接的推論から得られた内核に関する知識や推測は、ほぼすべてに議論の余地がある」

ドン・アンダーソン

外核の溶融鉄に潜り込み、人生の短い人類にとっては氷河のように異様な遅さだが、地質学的時間で考えると速いその流れの中を進んでいくと、最後に固体の球体にたどり着く。そこは金属の海の中に存在する鉄で被覆された世界で、はっきりとは上の何ものともつながっていない。世界中の海水の体積を想像してほしい。それを五倍すると内核の体積になる。過去二十年間、これほどまでに科学的注目を集めた領域は内核以外になかった。その研究の物語は、私たちが地球について考える際に、ここまで何度も繰り返してきたものと同じだ。最初はシンプルなものから始まる。この場合は固体の球だ。しかし、時間がたつにつれて、観測結果から、そう単純なものではないことが明らかになってくる。この惑星の中心にある奇妙な構造について、私は多くの科学者と話してきたが、この「鉄の球」について特定の性質なら説明できるとみな口を揃えて言うが、実際にどのようなものなのか、何が起こっているのかについては、彼らにもほとんどわかっていない。ここ数年間、内核は次々と私たちを驚かせてきた。そのたびにその地位は向上していった。たしかに内核は小さく、半径は一二二〇キロメートル、表面積は南極大陸と等しく、体積は地球の一パーセント以下で、質量はたった二パーセントほどしかない。だが、その重要性はこれらの数値とはまったく不釣り合いで、その小さな体積の中には、地球のどの領域よりも多くの謎と奇妙さが詰めこまれている。

内核に関する情報を集めるのは難しい。月と同じくらいの大きさなのだが、地震学者にとってはターゲットが小さすぎる。内核まで到達する地震波は少ないし、地表に戻ってくる波ならなおさらだ。内核に到達して跳ね返されて戻ってくる、かすかでとらえがたい波を検出する新しい方法が開発されている。それは望遠鏡をつないで空のかすかなシグナルを日々分離している天文学からアイディアを借用したものだ。二つ以上の地震観測網で検知された背景雑音と思われるものを相互に関連づけることが可能で、正しく処理すれば、内核からのかすかなエコーから雑音を取り除くことができる。発見が進むにつれて、その奇妙さはますます鮮明になってきた。

地球の核というものは、ある程度見慣れて理解が進むと、さらに別の秘密のベールに覆われていることが明らかになる。最初に驚愕の事実がわかったのは、一九八〇年代初頭のことだった。それは紛れもなく大きな驚きだった。五年間に起こった四〇〇回以上の地震の、核を通過した地震波の走時を調べた結果、ある事実が判明した。最初、研究者たちはそれを信じることができず、何度も何度も観測結果を調べ直した。そして、データを発表したが、その重要性を十分理解してはいなかった。経路によって、地震波が核を通過するのにかかる時間が異なることがわかったのだ。たとえば中国から中央アメリカまでのような赤道ルートと、サウスサンドウィッチ諸島からアラスカまでのような極ルートで時間が異なる。その差はさほど大きくなく、数パーセントまたは五秒程度だが、顕著なものだった。地震波にとっては、南北に進むよりも東西に進むほうが困難なようだが、当初、その理由をまったく説明することができなかった。この難問の解決によって、内核観は一変した。ケンブリッジ大学のカレン・リスゴーはこう話す。「それは本当に大きな驚きでした。ですが、別々のグループが異なる技法で同じ現象を発見したので、科学界の注目を浴びたのです」。この現象を検出したチームは両方ともハーバード大学のグループだったため、この研究機関の存在感を印象づけた。

奇妙な内核

地震データと他の科学分野を併せて解釈することで、その謎の答えらしきものが得られた。一部の科学者が、核の圧力下にある鉄原子の構造が鍵なのではないかと考えたのだ。特に、鉄原子が集まって格子状に並ぶ、その並び方によって「速い軸」が生じる可能性があり、地震波が通ることが可能になる。核を構成する物質が、「速い軸」がおおまかに南北を向くように並んでいれば、その方向に地震波が速く伝わる原因になるかもしれない。

一九九〇年代初頭までには、スーパーコンピュータを使って、核で見られる温度圧力条件下の鉄についてシミュレーションすることが可能になった。当時の科学者の第一希望は三〇〇〇万ドルのCray C90というスーパーコンピュータだった。Cray C90は、気象の予想から欧州原子核研究機構（ＣＥＲＮ）にある粒子加速器のデータ収集まで、ほとんどすべての大きな計算プロジェクトで使用されていた。それ以前のマシーンに比べると四倍速く、ギガフロップの演算が可能だった（ギガフロップは一秒間に一億回の演算ができ、当時としては速かったが、現在この原稿を打っているパソコンよりも若干遅い）。当時のCray C90の中で最も活用されていた一台は、ピッツバーグ大学スーパーコンピューティングセンターにあるマシーンで、ロナルド・コーエンとラーズ・スティックスルードが、地球の中心部のシミュレーション計画を行っていた。鉄原子が超高温下で、膨大な圧力で押しつぶされる際の挙動を計算させるのは簡単なことではない。数十の要素を考慮せねばならず、特に、奇妙で非論理的に思える量子効果が重要になる。「スーパーコンピュータからしか得られないような、難解な計算から出てきた結果は、ごちゃごちゃした自然の観察結果と直接比べることができ、その説明に役立てられる――これが本当に面白いのです」とスティックスルードは言う。この方法はスペインのマドリード・コンプルテンセ大学のマウリッツィオ・マテシーニが重視する方法でもある。「内核を研究する方法は二つあります。地震計を使う方法と、量子力学計算を行って、とてつもない圧力下の鉄原子の配列はどうあるべきかという第一原理を解明し、それから、その中を地震波がどのように通過するのかを研究する方法です」と彼は言う。

六方晶（ろっぽうしょう）は鉄原子が途方もなく高い圧力に抵抗する手段で、原子が固い格子に配列し、原子間力によって圧力に抵抗する。数個の原子がこのように配列すると対称に見えるが、格子が巨大になるにつれて、優先的な方向を持つ結晶ができる。もし、こうした結晶がランダムに配置されていれば、東西、南北の地震波の走時にちがいは見られないはずだ。だが、もし結晶が一直線に並んでいれば、その効果を説明することができるだろう。「六方晶の結晶は、特有の方向性を持っています」とスティックスルードは言う。「内核のすべての結晶は、地球の回転軸にそって一直線に並んでいるにちがいありません」。リスゴーもこの意見に賛成で、「結晶には異方性があります。整列しているかどうかは別として、結晶はあると思います」と言っているが、「でも、そんなに単純なものではないでしょう」と警告を発している。これは合理的な説明に思える。その後、地球内部を通過する地震波の走時をさらに詳しく分析した結果、内核の「速い軸」は地球の回転軸と並んではおらず、四五度ほど傾いているとわかったが、今でも有効な説明だろう。内核はより大きな地球の他の部分とは揃っていないということなのかもしれない。

さらに奇妙さは増していく。

最内核はあるか

一九九七年、すでにわかっている優先的な方向の他にも構造があることが発見された。内核の一方の側の極ルートのほうが、反対側のルートよりも波が速く進むことがわかり、一部の科学者は、異なる物質からなるくさび型の領域（異なる量の他の元素を含む鉄かもしれない）か、または、形や大きさが異なる鉄の結晶なのではないかと考えている。物事はどんどん複雑になっていった。「正直に言うと、何が起こっているのか私にはわかりません。さまざまな現象を説明する個別のアイディアはたくさんありますが、すべてを説明できるものはないのです」とリスゴーは言う。

二〇〇二年、石井水晶（いしいみあき）とジウォンスキーは、中心にたどり着く前に、さらに別の構造がある可能性を示す観察結果を発表した。彼らは地球の真ん中で新しく発見されたこの領域を「最内核」と呼んだ。最内核の半径はおよそ三〇〇キロメートルで、速度の速い方向が地軸から四五度傾いている。彼らは、これが地球の内部で見つかる最後の主要な境界ではないかと疑問を投げかけ、人々の想像力をかきたてた。

イリノイ大学のジアドン・ソンも最内核の存在を信じている。彼はそれに近づくために、できるだけ多くの地震について、入手できる限りのデータをかき集めた。「内核の形を絞り込むには、核の中の全方向を通る地震波の均一な分布が必要でした」と彼は言う。地震からのデータをコンピュータモデルに加えると、データの一つ一つが地球の骨組みになる。「すべてを一つにまとめ、立体像を作ることができたのはこれが初めてです」。内核に明らかな変化が見られることをデータは示しており、内核の半分よりもわずかに小さい直径五九〇キロメートルの最内核の存在を明示するものだと断言する。そこに最内核が存在するのは、巨大な結晶にたまった歪みが大きくなりすぎて、割れて融合したためだという。「最内核は異なる相の結晶質の鉄で構成されているか、または結晶の並び方が異なるのでしょう」とソンは言う。「何年もの間、私たちはお互いに違う部分を見ながら一生懸命論じあっている状態でした。今初めて全体像に気がつき、地球の内核が実際どのようなものなのかが見えてきたのです」。

だが、反対意見がないわけではない。それらのモデルや観察は決定的なものではなく、一貫性がない場合が多いと指摘されている。したがって、最内核の存在はまだ証明されていないというのだ。二〇一三年、リスゴーらは、地球内部を通る地震波の方向の分析を行った。「内核を研究するにはマグニチュード六以上の地震が必要です。それ以上でないと、内核に到達できるエネルギーが得られません」と彼女は言う。一九九〇年以降に起こったマグニチュード六以上の地震で、深さと時間が正確にわかっている約五〇回の地震について、地球の反対側に位置する地震観測所のデータを調べた。その結果、最内核は必要ではないことがわかった。内核の表面で見られる変化が中までずっと続いていた。

地震学者は、地震計から細かな情報を一つ残らず拾い出すこと、そして、地球の内側の層で反射するかすかなシグナルを探すことに熟達している。内核の境界に関する情報を得る方法の一つは、その内面で反射された地震波を見つけることだ。研究者は最近インドネシアで起こった深発地震のデータを使って、発生源からほぼ反対側に位置するさまざまな観測所で得られた地震記象を収集した。理論上、内核に到達した地震波は、内核を去るときにその表面で反射する。もしそうであれば、発生源から一八〇度に近いところで地震波が測定されるはずだ。そうした非常にかすかな地震波が最初に検出されたのは一九七〇年代だった。問題は、繰り返し起こる深発地震の震央の反対側にあたる場所がたった三カ所しかないことだ。南アメリカの北部、中国の中東部、アフリカの北部である。それでも中国の科学者チームはあきらめずに探し続けた。彼らの分析では、内核の内部が層状であることが示唆されたが、またしても、誰もがデータを同じように解釈しているわけではない。

大量の鉄と少量の軽い元素からなるこの奇妙な「世界の内側に存在する小さな世界」の地理は明らかに複雑だ。どこから見ても同じというわけではなく、東側と西側に大きな差があるとみられる。単純な鉄の球ではないことは明白で、その偏りが示しているのは、極限的な状況でどのように形成されたのか、また、そこに働く力に応じながらどのように成長していったのか、その二点の組み合わせだろう。

回転する内核

数年前、内核で起こっている現象、特に熱の排出方法に関する問いかけから、その奇妙な性質のいくつかが解明された。マントルの岩石のように内核にも撹拌や対流があればいいのだが、剛性率が高いため、そうしたことは起こらないという結論が出ている。代わりに別の種類の撹拌、つまり、まるで横に動こうとしているかのように、一つの側が溶融して反対側が固化する方法で環境に順応している。これは並進対流と呼ばれている。この挙動が東西の非対称性を説明する基礎なのではないかと一部の研究者は考えている。現在の並進対流の速度は、内核が完全に一新するのにおよそ一億年かかるとされ、このプロセスによって、地球の正確な中心は一〇〇メートルほどずれている。

並進対流は、外核の液体の動きで発生する磁場に影響を与えている可能性がある。最近のシミュレーションでは、内核の冷たい側のほうが磁場が強く、地球の中心領域の磁場が非対称である可能性が示唆されている。これはさらに、外核の底の対流も偏っていることを意味する。

二〇一二年には、デイビッド・ギボンズが率いるリーズ大学のチームと、ロンドン大学のチームが鉄の結晶構造の特性を調べ、重大な結論に至り、再び状況が変化した。内核の熱伝導率（熱の伝わりやすさ）が、それまで考えられてきたよりも約三倍高いことがわかったのである。たいしたちがいに思えないかもしれないが、内核の挙動に関する理解を大きく変えるもので、最も基礎的な前提の見直しが迫られた。つまり、対流ではなく伝導で熱が失われていることを意味し、内核は並進対流モードではないということになる。しばらくの間、この発見によって理解が後退したかに見えた。だが、翌年には、鉄の組成のばらつき（軽い元素の含有量のちがいに起因する、内核の外側にある液体鉄の密度の差）によって対流が起こる可能性があることが示された。ますます奇妙な話だ。

内核の西半球と東半球のちがいを説明する最新の仮説は、オーストラリア国立大学のホルボエ・チカルシックとマウリツィオ・マテシーニによるものだ。「私は宇宙飛行士になりたくて物理学を勉強しました。そしてすっかり内核に魅せられてしまいました」とチカルシックは言う。

またしても、鉄原子のパッキング（詰めこみ方法）が原因だと彼らは主張する。特に、内核は二つの構造によってモザイクになっている。それらの構造は、すさまじい圧力で鉄原子がぎゅうぎゅうに詰めこまれる方法、つまり六方最密充填と体心立方充填だ。チカルシックはそれを「キャンディーの包み紙モデル」と呼んでいる。このモデルは「内核のダイナミックな姿を説明するもので、二つの半球では、異なる鉄の結晶構造が安定しています」。鉄の性質に関する量子力学的モデルを使い、世界中の一〇〇〇以上の地震で発生した地震波データを比較した結果、地震波のバリエーションは鉄の構造のバリエーションをじかに反映していると言う。そして、核の東側と西側では、この二種類の構造の混合のしかたが異なると主張する。「地震波のデータを最もよく説明するのは、より複雑なモザイク状の内核構造です。異方性のある西半球は、異なる鉄の結晶からなる明瞭な破片でできており、異方性が弱い東半球は、ほとんど区別のつかない鉄の相の集合体からできていることを私たちは示したのです」。

内核はまるで奇妙な性質をまだ披露し終えていないかのようだ。さらに別の不思議な性質が付け加えられる可能性がある。内核は地球の大部分と同じ速さで回転していないという証拠がいくつか出ている。その一方で、こうも思うだろう。「そもそも、どうして一緒に回転しなくてはいけないの？」と。つきつめれば内核は液体金属の海に浮かんでおり、物理的には何にもつながっていない。そうであれば異なる速度で回転していてもおかしくないし、まわりを取り囲んでいる地球の残りの部分とは違う回転軸を持っているかもしれない。過去約十五年間、双発地震の観察に基づいて一部の科学者はそう主張してきた。数年の間隔を置いて、同じ領域でほぼ同じパターンの地震が起こることがある。ほとんど同じ地震なのだから同じ地震記象ができるはずなのだが、そうならないことがときどきあり、地震波が内核表面の異なる領域で反射したためだと解釈されている。つまり、二つの地震の間に、内核がわずかに回転したというのである。この解釈を用いると、内核の差動回転を絞り込むことが可能だ。

実際、内核はそれを取り囲む残りの地球に対して、ほんの少し違う回転をしたようだ。過去十五年間に出されたいくつかの推定値は、東側に年に一度から、年に〇・一二～〇・三八度まで幅がある。だが、計測値には一貫性がない――差動回転が見られない双発地震があるかと思えば、わずかに西に回転していることを示すものもあった。さらに、アフリカ南部で観測されたアリューシャン列島の地震のデータは、他のものとは合わないバリエーションを示していた。南アフリカで記録された千島列島の地震からも決定的な証拠は得られなかった。このため、内核を取り囲む残りの地球よりも、時には速く、時には遅く、内核のシャッフルが起こっていると考える科学者もいる。科学雑誌『ネイチャー・ジオサイエンス』に掲載された最近の研究では、既知の二四回の双発地震のデータと新たな七回のデータが分析された。そして、内核が年に約三分の一度の速度でマントルからずれて回転しているという合理的な証拠がある一方で、シャッフルと呼ばれる、十年ほどで回転が速くなったり遅くなったりする現象が示されている。最新の研究の面白い点は、過去十年間、内核は極めてまれな回転挙動を示し、数年間速い速度で回転した後遅くなり、高速から低速へ一年もかからずに移行したことが示唆されていることだろう。個人的には、データをもう一度吟味したほうがよいのではないかと思う。

だが、地球の中心では、さらなる驚きの数々が私たちを待ちうけている。内核、月とほぼ同じ大きさの鉄の球に入っていこう。

第25章　結晶の森

あまりにも複雑で、困惑する観測結果がありすぎて、一つの概念にまとめることはできない。近づけば近づくほど、内核は遠ざかっていく。しかし、すでにある情報をすべて集めれば、その歴史や影響、起源について何かしら言うことはできる。というわけで、内核について語ろう。

形成後、核はマントルの岩石に保温されながらゆっくり冷えていった。今から一〇億年前には、微惑星とその三五億年前のジャイアント・インパクトでもたらされた液体鉄からなる核は、一〇億年に一〇〇℃の速度で冷えていた。極限の温度圧力条件下にある鉄の性質で興味深いのは、圧力が増加すると融点が下がることだ。冷却が進み、一〇億年くらい前に、その時が訪れた。地球の中心は三〇〇万気圧と太陽の表面ぐらいの高温になり、鉄が固化するのに適した環境が整ったのである。これまでは高温のために、鉄の原子が集まってもすぐ散り散りになっていたが、そのいくつかがくっつき、さらに原子が加わって、一つの結晶、もしくは少し距離を置いて複数の結晶がばらばらに形成され始めた。

それから一〇億年たった現在では、結晶がどんどんできて、半径一二二〇キロメートルの球体に成長している。今日では年に一ミリメートルの速さで成長し、外核の鉄が約五〇〇万キログラム固化して、内核の表面に堆積している。つまり、毎秒一〇の三三乗の原子が溶けた外核を離れ、内核の表面にくっついていることを意味する。宇宙全体にある星の数よりもはるかに多い原子が毎秒結晶化しているのだ。

コンピュータ・シミュレーションから、赤道のほうが極よりも速い速度で成長し、内核の赤道部分が膨らんでいる可能性が示唆されている。また、圧力が固化温度に与える影響のせいで、内核の結晶作用は特殊なものになっている。つまり、その上を覆う液体よりも固体のほうが熱く、通常とは異なり、固体から液体に向かって熱が流れている。

内核の境界に関する情報を得る目的で計画された実験の一つに、最近行われたインドネシア付近のバンダ海の地震監視がある。地震は日本の高感度地震観測網(Hi-net)を使用して記録された。この観測網は、大きな被害をもたらした一九九五年の阪神・淡路大震災の後に、国立研究開発法人防災科学技術研究所によって整備されたもので、日本列島を均一にカバーし、二〇~三〇キロメートルのメッシュに検出器が設置されている。観測された地震波の走時には数秒の偏差が見られ、内核の表面に約一四キロメートルの起伏のばらつきがあるためだと解釈された。

内核と外核の境界には起伏があり、鉄の結晶が樹枝状に成長して、ぐちゃぐちゃになった鉄の間で枝を伸ばしていると一部の研究者は考えている。溶融鉄に含まれる不純物、たとえばニッケル原子などは、結晶化プロセスの間に取り除かれ、結晶の上にごちゃごちゃ集まって層を成す。そうしたスラグの存在は、地震波に与える影響によって検出可能だ。内核の最上部の数百キロメートルは小さな鉄の結晶で構成されているが、深くなるにつれて、磁気的にお互いが引き合うようになり、融合して、それぞれの独立性を失い、町ぐらいの大きさの巨大結晶になって、およそ南北の地球の磁場と並んでいる。いくつかのコンピュータ・シミュレーションでは、赤道部分の高くなった場所から、薄い鉄のシートが滑り落ち、高緯度に重なるようにたまっていることが示唆されている。それはまるで地表の造山運動のようで、大陸地殻の薄いスラブがお互いに重なっているかのようだ。

こうした結晶は驚異そのもの、太陽系の神秘だ。そのそばを航行するとき、みなさんは北アイルランド、アントリム州のジャイアンツ・コーズウェーの玄武岩柱に似た地質構造を思い起こすだろう——幅や長さがその数千倍の場合もあるのだが。「内核を一つの結晶とする論文もあれば、地震波データを使えば地震エネルギーの拡散によって、数ある結晶の長さがわかるという論文もあり、そのサイズは数十メートルから二〇キロメートルと考えられています」とチカルシックは言う。

町ほどの幅を持つ単体の結晶が、ロンドンからバーミンガムの距離［訳注：約二〇〇キロメートル］も伸びているのだ。それとは逆に、それらの結晶は、格子状に配列した個々の鉄原子から構成されており、数十億個の原子が途切れることなく互いに並んでいる。格子の内部では、規則的な配列が数十か数百キロメートルも続いている。もし私たちが格子のサイズまで縮んだとしたら、無限の宇宙で迷子になったと錯覚するだろう。あらゆる方向に列が並び、地震が通過すると、曲がったり波立ったりする。どこも同じ。ほぼはてしなく。

内核の調査に関わる科学者のひとりは私にこう言った。「一つのパラダイムシフトから次のパラダイムシフトへ移行しているところです。世界が考えられていたよりもはるかに複雑なことを受け入れるのに科学界は神経質です。データが増えれば増えるほど、すべてがますます複雑になっていきます。内核の構造が複雑。異方性が複雑。地形が複雑。ダイナミクスが複雑。どんどん複雑さが見えてきています」。

だが問題はこれだけではない。もし地球磁場を発生させるのに内核が必要不可欠な要素だとすれば、一〇億年前に内核が誕生する以前は、どうやって磁場が発生していたのだろうか。

地球磁場が長く存在してきたことを示す証拠は数々ある。さまざまな年代の月の岩石には同位体が含まれており、地球の磁気圏に部分的に守られていたかどうかがわかる。アポロ一四号と一七号が持ち帰った月のサンプルからは、およそ三五億年前には磁気による保護が存在したが、三九億年前にはなかったことが示唆されている。また、始生代の岩石の磁性を詳しく分析した結果、現在の磁場に似た磁場の中で形成され、磁界強度も頻繁な逆転も現在と似ていることが示されている。いったいどうやって、内核が固化する前に磁場が発生したのだろうか。

ある仮説では、月を形成したジャイアント・インパクトが関係しているという。衝突のエネルギーのほとんどは熱に変換され、地球は完全に溶けたはずだ。この衝撃が、核がそれ以降使用しているエネルギーの源とみられ、地球のダイナモをスタートさせるのに不可欠だった可能性がある。この余分な熱の蓄えがなければ、対流を起こすのに十分なエネルギーがなく、ダイナモはスタートしなかったのではないかという推測もある。ダイナモがなければ、結果として磁場も形成されず、火星のように、ひっきりなしに降りそそぐ太陽粒子によって大気がはぎとられ、有害な放射線が地表に到達しただろう。エネルギーが少なければプレートテクトニクスも始まらず、地表には少量の水しか存在しなかっただろう。海が存在しないため、地殻が硬すぎて、割れて構造プレートを形成することはなかったろうし、地球の内側は今のような方法では冷却されなかったはずだ。

つまりこれは、地球が現在のように振る舞い、生命に適した場所になるためのエネルギーを得るには、月の形成が必要不可欠だったということを意味するのだろうか。私たちがここにいるのは、珍しい出来事が次々と偶然に起こった結果なのだろうか。科学者は偶然というものに対しては非常に慎重でなければならず、アガサ・クリスティが『復讐の女神』(一九七一年)の中で述べた含蓄のある言葉をいつも心にとどめておかなければならない。「偶然というものは注目に値する。もしそれがただの偶然ならば、後で捨て去ればいい」。

ダイナモの発生には固体の内核が必要ではないのかもしれないが、そうだとすれば疑問が残る。液体の核を対流させるエネルギーはいったいどこから来たのかという問題だ。だが、探す場所が間違っていると考える研究者もいる。初期の地球では、マントルの中にマグマオーシャンが形成され、その一部が核に向かってゆっくり沈んでいったのではないかと彼らは主張する。はたして、マグマオーシャンの流れは、ダイナモ効果を発生させるのに十分なのだろうか。さらに、マグマの底部の層は、核からの熱の流れを抑制し、液体鉄のダイナモの発生を阻むと考えられている。マグマオーシャンが固化するにつれて、ダイナモ作用が失われたかもしれないが、それによって溶融した核から熱が流れだしやすくなり、液体鉄のダイナモがスタートしたのかもしれない。この説によると、地球は三つの方法で地球磁場を発生したことになる。まずはマントルの溶融した岩石によって。次に完全に液体の核によって。そして、固体の内核を持つ液体の核によってである。このモデルでは、二四億年前から二一億年前の間に地球磁場の発生が中断した可能性が示唆されるが、実際にそれを示す証拠がある。もし誕生直後から地球に磁場があったのだとすれば、非常に重要な意味合いを持つだろう。たとえば、もしそのように早い時期から太陽に対する磁気バリアがあったのなら、生命の発達に大きな影響を与えた可能性がある。地球上に生きた細胞が初めて出現したのは三五億年前とみられている。おそらく生命の起源は、安定し磁気で保護された地表の環境と関わりがあるのだろう。

内部探査の可能性

地球磁場の逆転が次にいつ起こるのかを知る鍵は内核、そして内核が核–マントル境界を横断する熱に与える影響にもあるかもしれない。地球磁場の逆転において、核–マントル境界を横断する熱の流れが重要な役割を担っているとみられる。特に赤道のまわりの熱流が高いと、磁場のばらつきが多くなり、逆転が起こりやすいのではないかと一部の科学者は考えている。逆転は最近の地質学的時間ではランダムに起こっているが、完全に予期できないものでもなさそうだ。地質学的な年代全体においてはランダムでもない。極が頻繁に入れ替わる時期（たとえば中期ジュラ紀）から極が安定する時期（たとえば中期白亜紀）への移行は、核–マントル境界を横断する熱流の減少が引き金となっている可能性が地球ダイナモのシミュレーションから示されている。内核がダイナモを安定させ、地球磁場の逆転頻度を減少させるという研究もある。

私がSF映画を観るときには、多くの科学者と同じように、映画のテーマに集中するようにして、たとえ映画製作者がわくわくさせる筋書きと数時間の楽しい空想を追求するために科学をないがしろにしていたとしても、大目に見ようと思っている。とはいえ、科学者にはどうしても耐えられない映画もやはりあり、数分ごとにうめき声をあげてしまう。そんな映画の一つが『ザ・コア』という地球の中心への旅物語だ。この作品は一〇〇人の科学者を対象としたひどいSF映画の投票で堂々一位に輝いた。地球の外核が回転を停止したため、科学者チームが革新的なカプセルに乗って、回転を「開始させる」ために核兵器を地下深くへ運搬し、再び地球磁場を発生させるというあらすじだ。そのカプセルの船体は「アンオブタニウム」〔訳注：手に入れることができない物質の意〕からできている。その物質は破壊不能な金属で、地球の核の熱や圧力に耐えることができる。いやあ、恐れ入った。

『地底世界ペルシダー』は、エドガー・ライス・バローズによってヴェルヌの『地底旅行』の五十年後に書かれた小説だ。雑誌『オール・ストーリー・ウィークリー』の一九一四年四月号に、四部からなるシリーズとして最初に掲載された。この物語では、著者がサハラ砂漠を旅行中に、素晴らしい乗り物とデイビッド・イネスというパイロットに出会う。その乗り物は「鉄モグラ」というもので、試運転を行っているときに、操縦不能だということがわかり、地下八〇〇キロメートルまで掘り進むことになってしまう。そして、地球の内部にある空洞の球の外側に位置するペルシダーという未知の世界にたどり着く。

しかし、完全に真ん中までは無理だとしても、地球の内側に到達できる探査機を作ることは可能なのだろうか。十年前、ジェット推進研究所の惑星科学者、デイビッド・スティーブンソンは、地球の上部マントルを下降するグレープフルーツ大の探査機という「思考実験」を提唱した。地殻の割れ目に大量の液体鉄合金を流し込むと、自分自身の重みでマントルまで沈むので、小さな探査機を地下に送り込めるというアイディアだ。想像してほしい。細長い割れ目に一億キログラムもの液体鉄を流し込む――その量は世界中の精錬所で一時間に作られる鉄の量に相当する。鉄は重いので、地球の核に向かって下降していくだろう。単純計算では、探査機は約一週間で核にたどり着くはずだ。核に到着した探査機は、温度や圧力、化学組成を計測する。一日もたたないうちに探査機は溶けてしまうだろう。交信するには、探査機に小さな人工地震を起こさせて、地上で検出する。たしかに面白いアイディアだが、映画と同様に実現不可能だろう。金属はあきらめよう。地下探査機を設計するよりよい方法は、溶けた鉄の流れに乗せるのではなく、探査機自体を熱くしてまわりを溶かしながら進むようにすることだ。熱したナイフでバターを切るように、探査機が地球の層を溶かしながら進む。一部の科学者によれば、この探査機は大きなものでなければならず、航空母艦程度の幅が必要で、岩石を一〇〇〇℃まで熱するためのパワフルなプルトニウム原子炉を備え、約十三年かかって一番深いところに到達するという。これは他に例を見ないミッションだ。一〇〇気圧、五〇〇℃という金星の表面の過酷な状況に耐えられる探査機を設計するほうが、地球の内部に潜っていく探査機を設計するよりもはるかに簡単だろう。

もう少し実用的な探査機の設計としては、放射性のコバルト60をたくさん詰めこんだ小さな球が考えられる。コバルト60なら医療で使われた密封線源が簡単に手に入る。深い掘削坑の底から発射すれば、下にある岩石を溶かしながら沈んでいくだろう。海底から発射できれば、もしかしたら数十年で約一〇〇キロメートルの深さに到達できるかもしれない。だが、溶けた岩石に包まれた状態で、温度や圧力や成分を測定できる一連のセンサーを設計するのは困難だ。地球を研究するために提案されているその他すべての科学プロジェクトを考慮すると、地球内部に探査機を送り込む計画はどうもうまくいきそうにない。

第26章　惑星の地底世界

地殻やマントル、外核、内核という多種多様な領域を旅する「地底旅行」は、いろいろな意味において、太陽系の中で最も興味深い旅だ。他の惑星でも、表面から核まで同じような旅をすることができる。その中には、私たちが行ってきた旅行に似た旅もあれば、根本的に異なり、奇妙な領域を横断して、さらに過酷な圧力や温度を体験できる旅もある。他の地底旅行にでかけることで、私たちの世界について、または他の惑星について、何かわかることはあるだろうか。

天文学者は太陽系を四種類に分けている。まず「地球型惑星」として、水星、金星、地球と火星がある。地球型惑星は小さな岩石の世界で、太陽に近いところで心地よく過ごしている。火星の軌道の外側には「小惑星帯」があり、不規則な形をした無数の世界が存在している。それらは、決して形成されることのなかった世界や、粉々に壊れてしまった世界の残骸だ。小惑星帯の中にある直径九五〇キロメートルのケレスは、まわりの天体とは異なると考えられており、準惑星に分類されている。さらに遠く離れると、木星、土星、天王星、海王星の「ガス惑星」の領域があり、後ろの二つを「巨大氷惑星（アイスジャイアント）」に分類する天文学者もいる。ガス惑星は巨大な世界で、岩石ではなく主に水素とヘリウムからなり、深くに行けば行くほどガスが濃くなる。みなさんが内側で遭遇する環境はまったく馴染みのないものだ。海王星の外側は氷と岩石の領域で、さらなる準惑星が寒くて暗い太陽系の辺境に生息している。

太陽に一番近い惑星は水星だが、太陽の近くでチカチカ光る一点であるため、観測するのが難しい。宇宙探査機が撮影した水星の画像を見ると、素人目には月とよく似て見える。空気がなく、あばたのようになっていて、クレーターがあり、山脈や平野が広がる焼かれたような世界だ。だが月とはちがい、水星の地表は、猛烈な太陽の下で鉛が溶けるほどの熱さになっている。詳しく見るとちがいがわかる。この惑星を最初に訪れた探査機はマリナー10号で、一九七四年に到達した。そして、太陽系で二番目、つまり地球の次に密度の高い惑星であることが判明した。その密度の高さは大きな鉄の核の存在を暗示する。水星は若いころに大きな衝突に見舞われ、外側の軽い岩石が吹き飛ばされて、形成できるマントルの量が減ったのではないかと天文学者は推測している。そうであっても、水星の中心への旅は、いろいろな意味で地球の地底旅行に驚くほど類似したものだろう。

水星は地球よりずっと小さく、地球の外核にすっぽりおさまるほどだ。ケイ酸塩岩からなる厚さ約五〇キロメートルの固体の殻を持ち、その下にはマントルがあるが、二〇〇キロメートルの厚みしかない。さらに下には、五〇キロメートルの硫化鉄の境界があり、八三〇キロメートルの液体鉄の外核と、半径一二四〇キロメートルの固体の内核がある。これが意味するのは、地球よりもずっと小さい(半径が地球のたった四〇パーセントしかない)にもかかわらず、水星の固体の内核は地球のものよりも少し大きいということだ。なるほど密度が高いわけだ。水星の核は半径の八五パーセントを占めており、惑星の大きさに対する核の大きさが太陽系内で一番大きい。磁場も存在し、金属の核の動きによって発生していると考えられている。サイズが小さいので、中心への旅で経験する温度圧力条件は、地球の核への旅ですでに体験したものと同じだろう。中心の圧力は地球のたった一一パーセントしかなく、地球内部のそう深くはない領域の圧力に相当する。

太陽から離れていくと次にある惑星は、雲で覆われた金星だ。サイズが似ているため、地球の双子と呼ばれることもあるが、誰かがかつて書いたように、天国の門と地獄の門は隣り合わせで瓜二つだ。もし地球が天国だとすれば、金星は、非常に厚い高温の大気に覆われており、ある高度では薄い硫酸の雨が降る地獄といえるだろう。金星と地球のサイズと密度の類似は、同じような内部構造を持つことを示している。となれば、その旅行も似たようなものにちがいない。地殻、マントル、核の旅。だが、金星の中心の圧力は地球の八一パーセントしかない。二つの惑星の主なちがいは、金星にはプレートテクトニクスの証拠がみられないことだ。おそらく、粘性を下げる水が存在しないため、地殻が硬すぎて沈み込まないのだろう。その結果、惑星からの熱損失が減少し、冷却が阻害されており、対流を利用して磁場を発生させるダイナモが存在しない理由も説明できる。金星には、ケイ酸塩岩からなる五〇キロメートルの厚みの地殻があるようだ。マントルの厚みは三〇〇〇キロメートルと推定されているが、成分はわかっていない。また、核が固化しているかどうかもわからない。将来、探査機で金星の表面に地震計を設置して「金星震」を調べれば、内部探査に役立つだろう。おそらく数十年後の未来になるが、そのようなデータがあってはじめて、中心への旅行記を書くことができるだろう。だが、今までに得られている証拠を考えると、金星の中心への旅は、地球の地底旅行に比べて、科学的に面白いものでもなければ劇的なものでもないと私は思う。

異彩を放つ木星

では、月の「地底旅行」はどうだろうか。月もまた、地殻とマントルと核で構成されているとみられる。地殻は主に酸素、ケイ素、マグネシウム、鉄、カルシウムとアルミニウムからなり、厚みは平均五〇キロメートルと推定されている。月のマントルは地球のものよりも鉄分が豊富だ。月震――アポロ計画で置いてきた地震計によって検知された――はマントルの深部、表面から約一〇〇〇キロメートルの深さで起こることがわかっている。月震には月ごとの周期性があり、地球に対して公転軌道が楕円なために起こる潮汐力と関係している。月の核は小さく、三五〇キロメートル以下の半径しかなく、全体の二〇パーセントほどの大きさしかないことを示す一連の証拠がある。核の成分は、すでにわかっている情報からはよく絞り込めていないが、金属鉄で構成され、少量の硫黄とニッケルを含むのではないかと多くの科学者は考えている。月の回転の分析から、核は少なくとも部分的に溶けていることが判明している。これらを総合すると、月の核への旅は短く、地球の中心への旅に比べてイベントが少なく退屈だろう。

太陽系の中では火星が最も地球に似ている。火星の表面には、私たちがすぐに認識できる特徴がある。山脈、クレーター、渓谷、風で砂が運ばれる砂丘のある砂漠、深い谷から上がってくる朝霧など。火星には、その中心への旅が地球の旅の一部に似ている可能性を示す特徴がある。それはサイズだ。

火星は地球と月の中間くらいの大きさである。実際、地球の核の大きさにほぼ等しい。地球と同じように、火星も分化しており、密度の高い金属の核が軽い物質に包まれている。その大きさのために、マントル全体、いや火星のほとんどが地球の上部マントルに似ているので、下にある核の熱で対流しているはずだと考えられている。地球と異なる点は、構造プレートが存在しないことで、リソスフェアによって保温されており、熱が内側にこもっている。過去には液体鉄の核でダイナモが作動し、磁場が発生していたようである。これは、一九九七年にこの赤い惑星に到着したマーズ・グローバル・サーベイヤーによる観測から推測された。マーズ・グローバル・サーベイヤーが検知した磁場の強い領域は、全球的な磁場の名残だと考えられている。どうやら、かつて液体だった火星の核は、数十億年前に固化し、ダイナモが消えてしまったようだ。したがって、火星の核への旅は、地球の地底旅行よりもわくわくするようなものではないだろう。

これまで見てきた中では地球の旅が最も面白そうだが、ここで手強いライバルが出現する。それは木星の中心への旅だ。木星は太陽系で最も大きく、質量が地球の三一八倍もある。一目見ただけでも、木星には地表がないのだから、その旅がいかに異なるかわかるだろう。色とりどりのバンドやゾーン、地球自体よりも大きいジェット気流や気象系を持つ大気がある。雲はアンモニアの結晶からなり、雲の層は約五〇キロメートルの厚みがあり、その下には薄い晴れた領域がある。水の雲も存在するようで、地球よりも一〇〇〇倍強力な巨大な雷が観測されている。温かい雲が湧き上がってきて、対流セルがそれらを上昇させ、また下降させる際に、オレンジ色から茶色に変わる。

木星の中心への旅は雲から始まり、分子状水素の大気がどんどん濃くなる中を降りていく。やがて液体に到着するが、ガスの領域と液体の領域に明確な境界はない。そして、全球的な金属水素の海にたどり着く。その海には流れも潮汐もあり、木星の速い回転によって赤道部分が膨らんでいるだろう。この渦巻く液体金属が、驚くほど強い木星磁場の発生源だ。液体金属の波間には、ダイヤモンドの塊が浮かんでいる可能性があり、さらに深部では膨大な圧力と温度によってダイヤモンドが溶け、液体ダイヤモンドの雨が降るだろう。土星の内側にも同じような金属の海が存在するとみられ、その海ではダイヤモンドが非常に大きく成長し、アイスバーグ（氷山）ならぬ「ダイヤモンドバーグ（ダイヤモンド山）」が浮かんでいるかもしれない。天王星や海王星の内側には、ダイヤモンドがさらにふんだんにある可能性がある。

木星の内部に戻り、太陽のない海を潜っていくと、温度は一万℃を超え、密度の高い核にようやくたどり着く。核は地球の質量の一二〜四五倍、木星の質量の五〜一五パーセントを占める。三万七〇〇〇℃というとてつもない高温で、圧力は地球の中心の一〇倍に達する。その核を岩石質だと考える科学者もいるが、よくわかっていない。岩石質または氷の核が最初に原始太陽系星雲から形成され、そのまわりに水素が集まっていったと考えられている。最初の核はもう存在していないかもしれない。時がたつうちに、まわりの海に溶けてしまった可能性もある。

アイス・ジャイアントとスーパー・アース

地球の地底旅行よりも退屈な旅の途中、ドラマチックな間奏を聴かせてくれそうな内部旅行も太陽系には存在する。たとえば、氷に覆われた木星の衛星、地球の約四分の一の半径を持つエウロパの旅だ。エウロパの氷の下には液体の海があり、生命が進化した可能性があると考えられている。たしかにドラマチックだ。さらに内側に行くと、おそらく金属鉄の核があるだろう。

スタンダードな惑星モデルでは、次の惑星、土星の内部は木星に似ているとされ、一万一七〇〇℃の小さな岩石の核があり、組成は地球に似ているが高密度だと考えられている。それは地球の質量の九〜二二倍と試算され、直径二万五〇〇〇キロメートルに相当する。木星で見られるよりも濃い金属状液体水素の層に覆われており、それをヘリウムが浸透した分子状水素の液体層が取り囲み、温度が上がるにつれて、徐々にガスに変わっていく。これはダイヤモンドの生成にさらに適した温度圧力条件であり、土星の中心への旅は、実に面白い旅になるだろう。

次に来るのはアイスジャイアントだ。一つ目の天王星は質量が地球の一四倍あり、海王星よりも質量が小さい。直径は海王星より少し大きく、地球のおよそ四倍である。天王星の構造の標準モデルは三層に分かれている。中心部には岩石質のケイ酸塩岩または鉄-ニッケルの核があり、中間には氷のマントル、そして外側は水素またはヘリウムのガスで覆われている。核は比較的小さく、質量は地球の核のたった半分ほどで、半径は天王星全体の二〇パーセント以下だ。研究によれば、天王星内部の高い圧力と温度によってメタン分子が分解され、解放された炭素がダイヤモンドを形成し、マントルではダイヤモンドがあられのように降りそそいでいる可能性があるという。ローレンス・リバモア国立研究所で行われた、レーザーを使ってダイヤモンドを圧縮する超高圧実験では、マントルの底は液体ダイヤモンドからなり、その中に「ダイヤモンドバーグ」が浮かんでいる可能性が示されている。

この世界の旅行は海王星のものと似ており、小さな島ほどもあるダイヤモンドの上に着陸して小休止し、飛行機ほどの大きさのダイヤモンドの群れに衝突される前に離陸する、そんな姿が想像できる。

では、私たちの太陽系の外にある世界の「地底旅行」はどのようなものだろうか。宇宙には私たちの領域では見られないような惑星が存在する。星のまわりを公転する惑星が初めて発見されてからった二十年ほどで、そのような惑星が約二〇〇〇個見つかっている。あまりにも多いので、見えている星のほとんどに惑星があるのではないかと今では考えられているほどだ。惑星は宇宙に満ちあふれているようで、それが暗に示すのは、生命の発生に他ならない。地球の質量の数倍あり、地球よりも大きくて熱く、核の圧力も高い惑星の構造に関して、さまざまな計算がなされている。どのような特徴を持つのか、また、どのように進化したのかについて、活発に議論されている。一部の科学者は、「スーパー・アース（巨大地球型惑星）」は地球よりストレスも熱流も高く、また、プレートも薄いため、激しいプレートテクトニクスがありそうだと主張している。他の科学者は、重力が大きいため、地殻は硬く、プレートテクトニクスはないだろうと考えている。そのような世界の内側には、より大きな圧力のせいで、岩石の相転移が多く見られ、さらに多くの領域が存在するかもしれない。それとは反対に、高圧と高い粘性と高い溶融温度があいまって、異なる層に分離するのが阻止され、核のない未分化のマントルがある可能性もある。地球では酸化マグネシウムは岩石を作っているが、スーパー・アースの圧力と温度では液体金属であるかもしれず、惑星を数十億年間保護する磁場を発生させることができるかもしれない。

重力が大きいそのような世界では、いったいどのような生命体が発達するのだろうか。地球の数倍の質量を持つ惑星の中心への旅は、私たちの地底旅行よりもドラマチックな可能性もあれば、まったくもってつまらないものである可能性もある。

第27章　旅の終わり

アステカ族は「地球が疲れてしまうとき……地球の種が終わるとき」と言い、そんな時がいつか訪れることを予言している。

アフリカは時計回りに回転し、北西に移動して、ユーラシア・プレートと合流することになっている。地中海は閉じて、海洋地殻が沈み込み、ヨーロッパが北に押されるにつれて、新しい山脈が形成される。アフリカ大地溝帯は引き延ばされて新しい海盆を作り、大西洋は広がり、太平洋は縮むだろう。一億年でアフリカとヨーロッパは融合し、南極は北に移動してオーストラリアと再び一つになり、二・五億年後に形成される次の超大陸、パンゲア・ウルティマ大陸の前触れとなる。世界のほとんどの大陸地殻が合体している間も内核は冷却し、成長し続けているが、たった五五〇キロメートルほど大きくなっているにすぎない。おそらくこの段階で、外核で作用している地球ダイナモに摂動が起こるだろう。今から十五億年後に内核は二倍の大きさになる。

ダイナモがいつまで続くのか、そして、成長する内核がダイナモにどのような影響を与えるのかは誰にもわからない。地球ダイナモの新しいモデルと他の惑星でみられるダイナモからは、地球のダイナモは長く持ち、おそらく七〇億～八〇億年の寿命であることが示唆されている。現在の地球磁場はかつてないほど強いのに、なぜ他の惑星ではダイナモが長期間持続しなかったのかは謎だ。地球型惑星の中で地球のダイナモが一番素晴らしいことに疑問の余地はない。地球はダイナモが最も活発で、全球的なプレートテクトニクスがある唯一の惑星である。実際、過去五〇〇万年間には記録的なスピードで地球磁場が逆転しており、それは活発さの表れだと考えられている。

太陽の寿命

私たちの太陽は四六億歳で、その核ではすでに水素燃料の半分が燃やされたところだ。太陽は今後何億年間も安定した状態だろう。しかし、いつかは変化が訪れる。その時太陽は、私たちの友であり生命の与え手ではなくなるだろう。太陽は一一〇億年か一二〇億年くらいの一生のうち、そのほとんどをいわゆる「主系列」で平和に過ごす。だからと言って、何も変化が起こらないというわけではない。変化は必ず訪れ、地球と人類に多大な影響を与えることになる。これから数十億年で、太陽の表面の温度が上昇し、その結果として明るさも増し、次の一一億年で約一〇パーセント明るくなる。太陽の明るさが増すに従い、地球では、大気中の水蒸気の濃度が増し、短期間で暴走温室効果が起こる可能性があり、もう一つの金星に変わってしまうかもしれないと考える研究者もいる。その結果九億年で、大気中の二酸化炭素の量は、植物が生き延びられないくらいに減少するという計算結果もある。もし植物がなくなったら、私たちには打つ手がない。次の一〇億年で、強さを増した紫外線によって成層圏が破壊され、海が蒸発する。太陽が死ぬ前に、地球は荒れ果てた人の住めない場所になるかもしれない。だが、その核はまだ熱いままだろう。

さらに悪いことがある。三〇億年後、太陽に最期のときが訪れるはるか前に、アンドロメダ銀河が私たちの銀河と衝突するのだ。この二つの銀河はほとんど空っぽの空間なので、それを衝突と呼ぶのは大げさかもしれない。銀河は互いにすり抜け、星同士の衝突はめったに起こらないだろう。問題は銀河の重力の相互作用だ。大きな軌道で、お互いがお互いに振りまわされる。これが他の銀河で起こり、星々が銀河間空間にはじき出されて、銀河から膨大な吹き流しや尾のようになってたなびいているのが観測されている。もし太陽がはじき出されたら一巻の終わりだ。太陽が生まれた銀河、そして仲間の星々から遠く離れ、ほとんど孤独に、はてしない銀河間空間をさまようことになる。

核燃料が尽きると、太陽は元の直径の数百倍に膨張し、近くにいるお供の惑星を飲み込むと考えられている。この膨張は、太陽の奥深くで起こっている著しい変化に対し、外側の層が反応して起こるものだ。だが、今太陽が自分を維持するために使用しているヘリウムの燃料はそう長くは持たず、急速に枯渇する。またしても外側の層は膨張し、太陽は超巨星になり、もとの太陽よりもはるかに大きくはるかに明るい星になる。私たちの太陽は終焉に向かうとき、かつてない輝きを見せるだろう。

地球はどうやって燃える太陽に抵抗すればいいのだろうか。過去に地球は、太陽のエネルギー生産量の変化に応じて自身を調整し、数十億年以上も、地表をおよそ一定のコンディションに保った。一部ではこれを「ガイア仮説」と呼んでいる。地球は自己調節システムとして働き、生命が存在できる条件を保っているとする説だ。個人的にはガイア仮説は、過去のある限られた範囲内で保たれた非線形の自己調節システムを擬人化しすぎだと思う。だが、ガイア仮説に対するみなさんの考えがどうであれ、この先は私たちを救ってはくれないだろう。これから起こる変化は地球の適応能力をはるかに超えている。太陽の光度はおよそ七五億年でピークを迎え、今日の数千倍になる。そして、水素燃焼殻に燃料を供給するエンベロープ（ガス状の領域）の物質があまりにも少なくなってしまうと、太陽の外層部が吹き飛ばされて、後に残された白色矮星は徐々に冷えていく――ほぼ永遠に。だが、地球は膨張する太陽に焼かれて飲み込まれてしまうのだろうか。

地球の最期

詳細な計算によると、太陽はその最期の段階で質量を失って、サイズが直径一億六八〇〇万キロメートルに増加する。これは、地球が太陽のまわりを回る今日の軌道、一億五〇〇〇万キロメートルよりも大きい。迫り来る星の、膨張するエンベロープに触れられたら、どんな惑星も生き延びることはできない。軌道が引っ張られて水星と金星は破滅するだろう。かつては、地球は太陽に飲み込まれずに済むのではないかと考えられていたが、その説には太陽と地球の膨大な潮汐相互作用が考慮されていなかった。潮汐相互作用によって地球の軌道エネルギーは急速に失われ、太陽に引き寄せられて破滅に向かうだろう。死を迎える直前、地球は水星のように見えるかもしれない。ぼろぼろになり、焼け焦げ、カラカラに乾き、かつて海の底だったものが剥き出しになり、傷だらけの残骸になるだろう。その時、この孤独の廃墟から空を見上げると、嫌らしい赤い太陽が空の七〇パーセントを覆っているはずだ。地球の潮汐的な死は速い。地球は最長でも数百年でばらばらになり、数十億年前に自分を生んでくれた星の上に散っていく。

大気ははるか昔に失われており、これから起こることは、私たちが行ってきた中心への旅に似ている。次は硬い地殻だ。プレートテクトニクスの素晴らしいエンジンが止まったため、地殻は数十億年間、地表を移動していない。内側の放射性崩壊による熱が減少し、沈み込みは停止した。モホ面ははぎとられ、マントル遷移層はばらばらになり、岩屑となってたなびいて、死にゆく地球を後にするだろう。これは受動的な解体ではない。覆い被さっていた岩石の圧力から解放されたマントルが爆発し、まだ白熱している金属の中心部が剥き出しになるまで、裂けてばらばらになる。核はケイ酸塩岩の層よりも少しだけ太陽大気によるアブレーション（溶融・摩耗）に強いが、運命を避けることはできない。液体鉄が飛び散ることはないだろう――とうの昔に内核の固化が外核にまで広がっているだろうから。初めて露出した核は、ほんの少しの間だけ光り輝く。

そのころには人類は絶滅しているか、または人類から進化した何らかの生物がすでに地球を脱出し、どこか知らない宇宙の彼方で暮らしているだろう。もしかしたら出来事を記録するために、周辺に探査機を置いていくかもしれない。結局これが私たちを生んだ惑星の死なのだ。もしかしたら私たちは、とうの昔に地球のことなど忘れてしまい、その死を嘆かないばかりか、気づきさえしないかもしれない。惑星が死に、後に残されるのは原子だけだ。かつて岩石や分子やＤＮＡのらせんを作っていたすべての化学結合が引き裂かれる。

私たちはそのような姿を目撃したことがある。白色矮星が地球のような惑星の残骸をむさぼり食う様子が観測されているのだ。通常、白色矮星の大気は水素とヘリウムの混合物である。巨大な重力によって重い元素が核に引っ張られるからだ。したがって、大気中で検出される他の元素は、星の表面に落ちてきた残骸に由来する元素だと考えられる。

ハッブル宇宙望遠鏡を使用して、八〇個の白色矮星を調査したところ、大気中に酸素、マグネシウム、鉄、ケイ素、そして少量の炭素を含むものが四個発見された――それらの元素は、かつて惑星だった塵を白色矮星が吸収するときに予想されるものに他ならない。地球を粉々にして白色矮星の中に入れたら、観測された化学組成とぴったり合うだろう、とある天文学者は考えた。観測された星の一つ、「PG0843+516」は他の白色矮星よりもはるかに鉄の含有量が多い。ニッケルと硫黄にも富んでおり、この星に破壊された惑星の一つは、地球のように鉄-ニッケルの核を持っていたとみられる。

地球は塵が集まって誕生し、再び塵となって一生を終える。地球の塵が表面に散らばった白色矮星は冷えていく以外になく、何にも邪魔されず、星の間をさまよいながら、ただ衰えていくだけだろう。

第28章　ヴェルヌと私たちの『地底旅行』

私たちの地底旅行は、宇宙での生命の探索についても教えてくれる。言うまでもなく私たちは宇宙で生命が存在するたった一つの場所を知っている――この惑星だ。地球は平均的な星のまわりを周回し、その平均的な星は宇宙のいたるところで見つかる種類のもので、その種類の星は数十億年にわたってエネルギーを安定的に供給し、数え切れないほどの地球のような世界の上で輝いているはずだ。そのいくつか、またはその多くの惑星で、生命の物語が進行しているかもしれない。なぜなら、宇宙が広大であるということは、たとえ生命が発達する確率が低く、ほとんどゼロに近いとしても、圧倒的な数によってありきたりになるということを意味するからだ。だが、私たちは地球外生命を見つけることができるのだろうか。地底旅行がそのヒントを与えてくれる。

一九四〇年代から五〇年代の電波天文学の夜明け以降、歴史上はじめて、星間距離を超えてメッセージを送受信できる見込みがある装置を人類が手にしたことに科学者は気がついた。宇宙に電波は少なく、比較的少ないエネルギーで長い距離を進むので、メッセージを送るのにはよい選択肢だ。というわけで、私たちは耳を澄ましている。これまで五十年以上待ったが、今のところ何も聞こえてこない。地球外からのメッセージが検知されるのは今日かもしれないし、一〇〇〇年先かもしれないし、もしかしたら、決して受け取ることはないのかもしれない。そのチャンスがどのくらいあるのかを知るための「ドレイクの方程式」という指針がある。その方程式はアメリカの電波天文学者、フランク・ドレイクが考案したもので、彼は地球の外からやってくるメッセージを探す電波探索を初めて行った人物だ。この方程式は、私たちの銀河系に存在する電波通信が可能な文明の数を推測する。銀河系での星の平均生成率、星が惑星を持つ割合、潜在的に生命の存在が可能な惑星の平均数、惑星が実際に生命を養う割合、発生した生命が知的生命体に進化する割合、知的生命体が通信を試みる割合を考える。これらすべての数に、一つの文明が検出可能なシグナルを宇宙に送る期間を掛ければ、理論上私たちが交信できる文明が銀河系にいくつ存在するのかがわかる。

宇宙では惑星がありふれた存在であるということは、ここ二十年あまりの天文学の主要な発見の一つだが、惑星が生命を発生させ、維持する可能性はどのくらいあるのだろうか。地球では条件が適切なものになるやいなや生命が始まったようにみえるので、他の惑星でも生命は頻繁に発生すると考えることもできるだろう。だが、もっと何かがあるはずだ。私たちの地底旅行では、生命と地球の密接な関係を知った。沈み込みのプロセスは、単なる地質学的なプロセスに思えるが、地球上に生命が存在するために必要不可欠なものなのかもしれない。マントルを刺激して、生命が必要とする物質や環境を作りだすからだ。二三億年前に起こったいわゆる「酸化イベント」について考えてみよう。これは、単細胞の生命体が光合成で酸素を発生させ、大気中の酸素量を大幅に増加させた出来事である。それは地殻変動と関係している可能性があり、大陸の形成と結びつける証拠や、地殻の集合のしかたに緩やかだが根本的な変化があった直後に起こったという証拠がある。また、酸化イベントは地上の鉱物の数を劇的に増加させ、今日見られるおよそ四五〇〇種まで二倍に増やしたのかもしれない。酸素の劇的な増加は、地殻とマントルのプロセスも変化させたようである。大陸が出現すると浸食が増加し、岩石が分解されるだけでなく、大気から二酸化炭素が取り除かれる。二酸化炭素は雨水に溶けて炭酸になって岩石を攻撃する。その後、他の溶け込んだミネラルとともに川から海に運ばれ、生物に重要な鉄やリンなどの栄養素を供給する。生物と岩石と地質学的作用は互いに結びついている。つまり、ドレイクの方程式には生命と惑星の関係も取り入れるべきであることを意味する。生命はただ惑星に住んでいるのではなく、惑星の一部なのだ。イギリスのロマン派詩人シェリーの、世界には何一つ孤立したものはない、という言葉がうまくこれを表している。

私たちは地球磁場を通じて外核とつながっている。地球磁場がなければ、大気はとうの昔に太陽風ではぎとられ、地表は住めない場所になっていただろう。いつの日にか、内核が成長して、地球ダイナモの性質に変化が訪れる。ダイナモが行き詰まれば、地球磁場は約一万年で崩壊するが、それが起こる前に人類は滅亡しているか、退去を余儀なくされているだろう。

新しい発見がもたらすもの

ジュール・ヴェルヌは『地底旅行』でこのことを非常にうまくまとめている。「我々は地球のおもちゃになりさがってしまったのだ」。地球のおもちゃである人類は地獄の上に住んでいるが、その地獄はダンテの地獄ではない。ダンテの『神曲』では、主人公が地獄を訪れ、氷づけになった悪魔を見た後、地球の中心への旅を続け、上に登って「星がきらめく空のもと」に現れた。もし私たち自身について知りたいならば、頭上の星を正しく理解し、そして、太陽が沈黙する地球深部の世界も十分認識しなければならない。

一九〇五年三月二十四日金曜日の昼下がり、ヴェルヌには、これが最期の日だとわかっていた。彼は糖尿病を患い、最近あった発作によって半分目が見えなくなっていた。最期の数時間、彼には意識があった。家族がまわりに集まり、編集者もそこにいたが、話によればヴェルヌには彼が誰かわからなかったという。

ヴェルヌはアカデミー・フランセーズに対する恨みを持ったまま亡くなった。彼は無視され、単なる「大衆作家」として見下されていると感じていた。何度もアカデミー・フランセーズの会員に推薦されたが、毎回拒絶されたのだ。また、もっともらえるはずなのに、出版社からの報酬は少なかった――本は飛ぶように売れ、世代を超えて科学に興味を持つきっかけを与え続けてきたのにもかかわらず。雑誌『タイムズ』の死亡記事では、彼の執筆スタイルについては「多かれ少なかれ鉱脈はもう掘り尽くされた」と書かれている。

現代の読者にはちょっと単純すぎるとしても、『地底旅行』はまだまだ人を引きつけてやまないが、科学的には古くさい。その続編は、一八七七年に出版された『黒いダイヤモンド』で、彼の物語の中で新しい何かが発見される最後の小説である。その他の作品は、たとえ大成功した『八十日間世界一周』であっても、昔のアイディアの繰り返しにすぎない。科学は前進し、地球について描けることは限られていった。ヴェルヌはときどき別の主題に向かった。一八七〇年に書かれた『チャンセラー号の筏(いかだ)』は、メデューズ号の筏で起こった残酷な出来事に影響を受けたものだ。アフリカの西海岸の浅瀬で船を捨てることになった人々のうち、四分の三以上が命を落とした事件である。この物語には科学もなければ、楽観主義もほとんどみられない。

『地底旅行』を読むと、それが彼の他の作品と異なることは明白だ。それは遠い過去への旅であり、前向きな『月世界旅行』とは違う。『地底旅行』の校正刷りは一つも現存しておらず、出版された年、つまり一八六四年四月十二日付けの手紙の中に唯一言及が見られるだけだった。死後長らく、現存する原稿はないと信じられてきたが、一九九四年になって一つ発見された。初版の後に多くの変更が加えられたということがわかったが、それは、直近の科学的発見の結果によるものだったのだろう。『地底旅行』では、全編のたった六〇パーセントしか地下で物語が起こっていない。また、タイトルを直訳すると『地球の中心への旅』となるが、この「へ」というのが誤解を招く。なぜなら、実際に中心にたどり着いたのかどうかわからないのだ。アルネ・サクヌッセンムはたどり着いたと主張しているが、アクセルが指摘するように、深さを正確に計測する方法は当時は発明されていなかった。しかし、この物語で重要なのは、創作された大洞窟やシルル紀の生物ではなく、アクセルとリンデンブロック教授が議論を戦わせたことだろう。「いいかね、科学というものは間違いからできているものなんだよ。だが、それはおかしてもいい間違いなんだ。そうした間違いによってだんだん真理に導かれるのだから」とリンデンブロック教授は言う。そして、現代科学を武器に、古めかしい自然哲学に反論している。私は『地底旅行』は単純な物語だと言った。そう、語り口は単純だ。だが、他の意味においては決してそうではない。読者のために文字通り世界を裏返し、たった一つの新しい発見によって、包括的な地球に関する概念が壊される可能性があることをヴェルヌは教えてくれた。私たちの足下の世界では、自然が調和している。事実が重要であり、理論ではない。物事はいつも見た目どおりとは限らない——そう、地球のように。

【わ行】

【や行】

【ら行】

【ま行】

【な行】

【は行】

【た行】

【さ行】

【か行】

索引

訳者あとがき

地球が層状であることは誰もが知っている。だが、タマネギの皮をむくように、一枚一枚めくると、それぞれの層がどのような状態にあるのか、はっきり思い浮かべられる人は少ないのではないだろうか。そもそも一枚一枚、きれいにむくことなどできないのかもしれない。地表から地球の中心までの旅を鮮明に思い浮かべるのは難しい。

本書はデイビッド・ホワイトハウス著"Journey to the Centre of the Earth: The Remarkable Voyage of Scientific Discovery into the Heart of Our World"（Weidenfeld & Nicolson, 2015）の全訳である。フランスの作家ジュール・ヴェルヌによる同名小説『地底旅行』（一八六四年）が百五十周年を迎えることを知り、天文学者のホワイトハウス博士が企てた百五十年後の地底旅行だ。

ご存じのとおりヴェルヌの『地底旅行』は、地球の内部を探検する壮大な旅物語である。鉱物学の権威オットー・リンデンブロック教授が、十六世紀の錬金術師アルネ・サクヌッセンムが残した暗号を解読し、アイスランドの火山の噴火口から、地球の中心を目指す旅行に出発する。嫌がる甥のアクセルを連れ、現地で雇ったガイドのハンスとともに地底を探検し、地下に広がる海を渡って、生い茂るキノコの森を通り、絶滅したはずの古生物と出会う。前人未踏の地下世界（サクヌッセンムがすでに中心に至ったということなので実際は前人未踏ではないのだが）には地球の歴史がつまっていた。ヴェルヌの『地底旅行』から百五十年、地球観は大きく変化し、今でも変化し続けている。科学者によって解き明かされてきた地球の内部に関する知識を踏まえた旅は、どんな驚異に満ちているのだろうか。

現在は主に科学ライターとして活動する本書の著者、デイビッド・ホワイトハウス博士は、以前はジョドレルバンク電波天文台とロンドン大学マラード宇宙科学研究所の天文学者で、ＮＡＳＡのいくつかのミッションにも参加した。その後、ＢＢＣ放送の科学担当記者となり、テレビ番組やラジオ番組に出演するかたわら、イギリスの科学雑誌『ニュー・サイエンティスト』や新聞『インディペンデント』紙に定期的に寄稿している。また、王立天文学会の会員であり、過去にはソサエティー・フォー・ポピュラー・アストロノミーの会長も務めた。このイギリスの団体は星の愛好家のための会で、研究者とアマチュアが活発に交流する場だそうだ。ホワイトハウス博士は科学啓蒙に熱心で、二〇〇六年には、彼の科学とメディアへの貢献をたたえて、小惑星（４０３６）に「ホワイトハウス」という名前がつけられた。著書には、月と太陽に関する古今東西の伝承や歴史、科学を網羅した"The Moon: A Biography"（二〇〇二年）と"The Sun: A Biography"（二〇〇五年）、宇宙飛行士のインタビューを交えながら宇宙飛行の歴史をひもとく"One Small Step"（二〇〇九年）、ガリレオ・ガリレイがはじめて望遠鏡で宇宙を観測してから四百年になることを記念して書かれたガリレオの伝記"Renaissance Genius"（二〇〇九年）などがある。

本書では、想像上のカプセルに乗って、固体の地表から出発し、地球の中心まで約六三七〇キロメートルの旅をする。真っ直ぐ核を目指すのだが、地球内部の構造がただ直線的に語られるわけではない。構造、歴史、極限の圧力を再現できる装置、秘密に迫る数々の計器や実験、発見に関わった人々や契機となったできごとなどが立体的に織りなされ、壮大なドラマが展開する。それは地球の内側のドライな説明というよりも、誰がどのように発見したのかという人々の物語だ。そのため、現在研究に関わっている科学者をインタビューし、彼らの生の言葉が引用されている。外側から見ると地球は静かな世界だ。だが、火山や地震、オーロラなどが、地下で起こっている大規模な現象を表している。地底には温度や圧力、結晶や鉱物に刻み込まれた地球の歴史があり、地震学の発展によって、その姿がじょじょに浮かび上がってきた。鉱山に潜り、地球で最も深い穴を訪れ、内側に存在する火星サイズの世界を探訪し、何ものとも結びついていない固体の内核の結晶を調べる。特に内核に関する最新の発見は興味深い。そして、他の惑星の「地底旅行」、地球外生命体、地球の未来へと想像は果てしなく広がっていく。また、語り口が個性的で、話題が転々と移ろい、畳み掛けるように説明が続き、話が完全に逸れるかと思うと元に戻るというような絶妙さが特徴的だ。多少読みにくいかもしれないが、原著の持つ雰囲気を味わっていただきたいと思い、かみ砕いて訳すことは極力避けた。あちらこちらに思いを馳せながら、博士の随想を楽しんでいただければと思う。

だが、地質学的な地底旅行だと思って読み進めたら、いささか違和感を感じるかもしれない。地球の内部と聞いて思い浮かべるような話題、岩石や鉱物の名前、同位体、地質年代などにあまり触れられていないからだ。それには理由がある。ヴェルヌの旅が想像力の豊かな作家による地底旅行であったように、今回のそれは天文学者による地底旅行であるからだ。ホワイトハウス博士の視点はあくまでも外側、つまり宇宙にあり、親しみをこめて地球を「私たちの惑星」と呼ぶ。地球という惑星と人間との結びつきに着目し、「私たちの地底旅行では、生命がいかに地球と密接に関係しているかを知った」という。「そして今では、夜空を見上げるたびに、私の心の一部は取り残される——私の住むこの惑星、そして決して訪れることができない場所に」というが、この地球内部への旅の中ではむしろ、「心の一部は宇宙に取り残される」といったほうがいいかもしれない。この視点こそが、本書の魅力ではないかと思う。

ホワイトハウス博士は本書を執筆する中で、自分に足りなかったものを知ったという。それは、宇宙にばかり目を向けていたが、自分の足下にこそ驚きの世界があったということである。以前に翻訳した『隕石コレクター』（築地書館、二〇〇七年）の著者も天文学者で、地球に目を向けるのが遅かったとなげいておられた。少し引用すると、「惑星学者や天文学者は満たされない人種だ。月や惑星を研究する科学者は永遠に手に触れられないものを追い求める運命にある［……］宇宙探査機によって月や惑星や小惑星の画像が得られたが、もし準備が万端に整って、いざほかの世界へ出かけてサンプルを採取するという段になれば、天文学者は引っ込んで、化学者や地質学者、鉱物学者に場所を明け渡さなければならないだろう。つまり、手で触れられるものは天文学者の領分ではないのである」。地球の中心への旅は、あれこれ想像することはできても、実際に敢行することはできない。少なくとも現時点では。そうであれば、自分が住む星でありながらも決して訪れることのできない、手で触れることのできない地下世界の案内役として、天文学者ほどの適任者はいないのではないだろうか。

私たちの地底旅行は書きかけの物語だ。永遠に書き換えられる果てしない物語である。本書を通じて地球内部を旅し、追体験することで、今後、新しい発見のニュースがあるたびに、地下世界をますます身近に、鮮やかに感じることができるだろう。

本書は築地書館の土井二郎社長にご紹介いただいた。編集の北村緑さんには訳稿のチェックから事実確認、小見出しの作成など、きめ細かにサポートしていただいた。また、訳語の選択や表記については夫の江口次郎からも助言をもらった。これらの方々に改めてお礼を申し上げたい。

江口あとか

二〇一五年十一月

著者紹介：
デイビッド・ホワイトハウス〈David Whitehouse〉
イギリスの科学ライター。かつてはジョドレルバンク電波天文台およびロンドン大学マラード宇宙科学研究所の天文学者で、ＮＡＳＡのミッションにも参加経験がある。その後、ＢＢＣ放送の科学担当記者となり、テレビ番組やラジオ番組に出演するかたわら、イギリスの雑誌や新聞に定期的に寄稿。王立天文学会会員。2006年には科学とメディアへの貢献をたたえて、小惑星（4036）が「ホワイトハウス」と名付けられた。著書に、“The Moon: A Biography”(2002)、“The Sun: A Biography”(2005)、“One Small Step”(2009)、“Renaissance Genius”(2009) などがある。

訳者紹介：
江口あとか〈えぐち　あとか〉
翻訳家。カリフォルニア大学ロサンゼルス校地球宇宙科学部地質学科卒業。訳書に、リチャード・ノートン『隕石コレクター』(築地書館、2007)、ヤン・ザラシーヴィッチ『小石、地球の来歴を語る』(みすず書房、2012) がある。

地底

地球深部探求の歴史

2016年1月5日　初版発行

著者	デイビッド・ホワイトハウス
訳者	江口あとか
発行者	土井二郎
発行所	築地書館株式会社 〒104-0045 東京都中央区築地7-4-4-201 TEL.03-3542-3731　FAX.03-3541-5799 http://www.tsukiji-shokan.co.jp/ 振替00110-5-19057
印刷製本	中央精版印刷株式会社
装丁	小林 剛（UNA）

ISBN978-4-8067-1505-4